真価を見つけ、
進化する
唯一無二の企業

アメリカが
震撼した
日本の技術！

「ジオ・サーチ」アズオンリーワン

冨田 洋
ジオ・サーチ株式会社
代表取締役会長・創業者

プレジデント社

はじめに

オンリーワンでナンバーワンの技術。この技術を求める国が世界中に広がっている。そして、その技術は、人々の暮らしと命を守り、日々の安心した暮らしを提供することに大きく役立つ。だからこそ、この技術を持つ企業は、「社会に貢献する」という強烈なプライドを持ち、ここで働く者は、常に未来を見て、やりたいと思うことに、ワクワクしながらチャレンジしている……。

いかがですか、もし、こんな会社があったら素敵だと思いませんか？

そして、こんな会社で働いてみたいと思いませんか？

実は、この会社は、私が創業したジオ・サーチ社のことなんです。

ジオ・サーチは、日本発、世界初である独自の技術を活用して、地下の空洞や埋設物を探知し、災害を未然に防ぐ「減災事業」を行っています。

この事業は、国内の各地域はもとより海外からも数多く求められ、ジオ・サーチは、カンボジア、タイ、韓国、台湾といったアジア諸国だけでなく、全世界から熱い注目を浴び、2022年にはアメリカ進出も果たしています。

そして「減災」は、「GENSAI」というネーミングとなり、安心・安全な生活と未来を築くグローバルなキーワードになってきています。この発想、そしてジオ・サーチの技術は、正しく永続的に世界を救うことにつながるのです。

また、弊社で働く社員は、人々の暮らしと命を守ることを使命としながら、社会に貢献していくという誇りを持ち、日々前向きな姿勢で新しい挑戦を繰り返し、熱い気持ちで活動してくれています。

私は35歳の時にこの会社を設立しましたが、ここまでの道のりはそれこそ山あり谷あり……。当初は余裕が全くなく、遠い将来のことなど何ひとつ描くことはできませんでした。とは言え、ジオ・サーチを成長させるために私を突き動かしてくれたものはただひとつ、「好奇心」です。そして、私が従ったのもただひとつ、自分の「好奇心」だけだったと言えます。

この人に会ったら刺激的な話が聞けるのではないか……。こんなことに頭を突っ込んだら、今まで見たこともないような景色が見られるかもしれない……。

そういう好奇心こそが、私の原動力だったと言えます。

ジオ・サーチを設立する前、私は石油開発エンジニアリング会社に勤めていました。そこで16カ国の掘削現場を渡り歩いたあとに、20代でアメリカ駐在員に抜擢されます。その時に出会ったのが、マイクロ波を活用して道路を破壊することなく、地上から地下を探査するという技術。これを知った瞬間、私は心をつかまれました。だって、地上からは見えない地下が透けるように見えるなんて、まるで魔法のようじゃないですか。

これが何に利用できるかわからないけれど、この技術を磨いていけばきっと面白いことができる。一瞬にして、私の好奇心に火がつきました。

そうなると、もう止まりません。

帰国するとすぐさま社内ベンチャーを立ち上げて、マイクロ波を使った水力発電導水路探査事業に着手します。ところが、積極的に営業に歩き、技術開発も精力的に進め、ようやく軌道に乗りかけたその時、思いもかけないことが起こりました。所属会社の解散で、社内ベンチャー事業の継続ができなくなったのです。まさに絶体絶命のピンチ。

でも、私は昔から逆境にはめっぽう強いのです。それに、それくらいのことではいったん燃え上がった私の好奇心の炎は消せません。

それで、そこから八方手を尽くし、ジオ・サーチを立ち上げて事業を続けられるようにしたのです。

・天皇陛下の即位パレード「祝賀御列の儀」におけるルートの路面下空洞調査

・タイやカンボジアでのボランティア地雷除去活動

このような事業だけでなく、私とジオ・サーチは、好奇心と時代の要請に従って、ひたすら前へと進んできました。楽な道程ではありませんでしたが、困難を乗り越えるたびに、私たちの技術と人間力は確実に進化しています。そして、東日本大震災の復旧・復興協力を機に、人々の暮らしと命を守る「減災」事業という進むべき道を見つけ、今、ひたすらその方向を目指して歩んでいるのです。

本書では、そんなジオ・サーチの軌跡を振り返りながら、同時に未来へのビジョンを発信していこうと思います。それによって、一人でも多くの方にジオ・サーチという企業に興味を持っていただき、さらに、「ここで一緒に働いてみたい」と思う方が生まれたら、こんなに嬉しいことはありません。

ジオ・サーチ株式会社 代表取締役会長・創業者 冨田 洋

Contents

Chapter 2

「減災」活動への覚醒

Column

Chapter 3 地下を制して、世界をつかむ

Chapter 4 認められることで、さらに前へ！

Chapter 5 人材は人財。集まれ、仲間たち

Chapter 1

未来を創るフロントランナー

世界で唯一の「スケルカ技術®」で、
災害に強い地域づくりに貢献し、
人々の暮らしと命を守ることを使命とする。
「減災事業」を推進することによって、
社会と環境への影響にも配慮する企業に！

人々の暮らしと命を守る「減災事業」で、ベネフィット・コーポレーションに

本書のタイトルは、『「ジオ・サーチ」アズ オンリーワン』としました。

これは、当社が展開する「減災」という事業が、日本発、世界初である唯一無二のジオ・サーチの技術をもってこそ成し遂げられるものだからです。

まずは簡単に、ジオ・サーチという会社について説明していきましょう。

日本は美しく豊かな自然に恵まれている一方で、地震、火山噴火、台風、洪水などの自然災害に見舞われる機会が多い国でもあります。だからといって自然災害をゼロにはできません。この先どんなに科学が進歩しても、人間が自然をコントロールできるようにはならないでしょう。しかし、現在ある技術を駆使し、知恵を働かせることで、自然災害のリスクをできる限り減らすことは可能です。

この考え方が、減災です。ジオ・サーチの仕事は全てが、この減災につながっています。企業理念にも、減災事業を通じて災害に強い社会づくりに貢献し、人々の暮らしと命を守ることを使命とすると謳っていますが、減災こそが私たちの存

Chapter 1

在理由だといっても過言ではありません。

もちろん、会社の存続のためには売上拡大や利益追求が大事だということも熟知しています。しかし、当社ではそれらよりも減災を優先しています。

たとえば、大地震や道路の陥没が発生した時は、すぐに地中状況を把握しないと、救援に向かった人や車両が新たな陥没に巻き込まれるといったことが起こりかねません。だから、当社の社員は、とにかくすぐに現場に駆けつけます。契約がどうの、利益がどうのというのは、ジオ・サーチでは二の次、三の次なのです。飛び出していった社員が被害地域の周辺を調べまわって、あとで精算したら全然利益が出なかったとしても、その活動が減災に貢献したのなら、当社ではその社員を大いに評価します。ビジネスとしては赤字にならなければそれでよし。それくらいの感覚です。この機動力もジオ・サーチの特徴と言えます。

アメリカには、経済的利益だけではなく、公益と持続可能な価値の創造を目指し、社会と環境への影響にも配慮する企業であると認定されたベネフィット・コーポレーションが3500以上あります。日本ではベネフィット・コーポレーションはまだ法制化されていませんが、ジオ・サーチこそは、まさに、人々の暮らしと命を守る使命を持つベネフィット・コーポレーションと言えます。

真価を見つけ、進化する……。ジオ・サーチが抱く想いとは？

私たちジオ・サーチの根幹にあるもの。それは、「人々の暮らしと命を守る」という強烈な想いです。

当社は、私が起業してから30年ほどで大きく成長し、まさに今も成長し続けています。どうして当社は、成長し続けることができているのでしょうか。

それは、成長を止める「既存のルール」や「固定観念」を徹底的に排除して、自由に発想することや、好きなことを突き詰めることを、とても大切にしているからだと言えます。

ジオ・サーチの技術が生まれた背景にも、純粋な好奇心と枠をはみ出た発想がありました。私が、アメリカでマイクロ波技術と出会ったことが、その第一歩です。目には見えないマイクロ波が地中に埋まっている見えないものとぶつかり、それによって可視化することができる。見えないはずのものが、透けるように見えてくるのです。私は、「面白い！」と思いました。

そこからは、ただ純粋に面白いものを研究し続けてきた、それだけです。

そうしていたら、ある時、国連の方から声がかかりました。「その技術で地雷除去を手伝ってもらえないか？」と。私が面白いと思って研究してきた技術が、誰かを救う手助けになる。これほど嬉しいことはありません。

カンボジアやタイでの地雷除去活動を経て、世界で唯一の「スケルカ（透ける化）」技術を独自開発。そして、それを活用して、道路・港湾・空港施設などの路面下に発生した空洞や、埋設物の正確な位置情報を把握したり、橋梁などのコンクリート構造物内部の劣化箇所を発見するなど、日々リスクが高まるインフラの老朽化に向き合い、インフラ内部に潜む見えない危険を探知。そうして、被害を未然に防ぐ、減災事業に邁進しています。

地球上で暮らす人類は、常に災害のリスクと隣り合わせです。

だからこそジオ・サーチは、災害による被害を減らしていくため、これからさらに事業を展開し、提供価値を広げていきたいと考えています。

地中は、人類にとって新しいフロンティア。地中に眠る、目には見えない真価に気づくことで、ジオ・サーチはさらなる進化を遂げることができるはずです。

世界各国に新たな価値を提供する

日本以外にも、私たちの減災技術で救える人たちはたくさんいると考え、海外へも積極的に進出しています。近年、私たちが磨き高めてきた技術が、成熟している世界中の都市の減災に役立つと実感しています。

インフラの老朽化という問題が抱えるリスクは、まさに世界の成熟都市で共通した課題であり、さらに、激甚化する自然災害による被害も全世界規模で広がり続けているのです。

安全を守りメンテナンスの高度化・効率化を実現していくために、私たちの減災技術をもっと広く世界に普及したい。

そしてこの減災技術と、他社の優れた技術と掛け合わせれば、そこにまた新たな可能性が生まれます。産学連携や民間企業が有するさまざまな先進技術とのマッチングにより、世界に新たな価値ある技術を生むことができるのです。ジオ・サーチは、オープンイノベーションで技術・サービスを広げ、想いをともにする仲間とつながり、新たな価値連鎖を生み出すプラットフォームとなることで、世界に革新的な未来を創造していきたいと考えています。

ジオ・サーチの想いがこもった「企業理念」

当社は、「人々の暮らしと命を守る」という強烈な想いを持った会社です。では、私が、「あなたは、何のために会社を経営するのか」と聞かれたとしましょう。私は、即座に答えます。

「それは社会の役に立ち、社員を幸せにするために他なりません」

この考え方を明文化したのが、当社の「企業理念」です。経営理念は、企業が目指さなければならない「北極星」であり、ジオ・サーチでは、これを大切にしています。経営理念は次のようになりますので、ご紹介しましょう。

【企業理念】

■わが社は、人々の暮らしと命を守るために、スケルカ技術を活用した減災事業を通じて、災害に強い社会作りに貢献することを使命とする。

■わが社は、全員の物心の幸福を追求することを目的として、社員の創造性および生産性を高め、チームワークと相互信頼の念を育み、さらに適切な報酬をもたらす優れた環境の育成に努める。

■わが社の社員は、常に誠実を旨とし、いかなる困難に直面しても心を弾ませて、道を切り開き、事業が幾世代にもわたって受け継がれ、さらに国内外で発展を続けられるように努める。また、個人として、人として正しいかどうか公正であるかという基準のもと勇気をもって明るく正々堂々と意義のある人生を送れることを心がける。

Corporate Philosophy

With the ardent desire to protect the citizens' lives and livelihood, we, Geo Search Co., Ltd., make it our mission to contribute to the creation of a society resilient to disasters through hazard mitigation making use of our original GENSAI technology.

With the aim to pursue spiritual and material happiness of everyone in our company, we do our utmost to enhance the creativity and productivity of our employees, nurture teamwork and mutual trust, and strive to realize an excellent corporate environment that ensures appropriate remuneration for everyone.

Our employees make it a principle to act always with integrity, and when facing difficulties they challenge them with pride and courage, creating a new path for our business to be handed down from generation to generation at home and abroad. Our employees as private citizens shall do their utmost to live life to the fullest with courage and positive attitude based on high standards of righteousness and courage.

日本、そして世界各国へと羽ばたき、人々の暮らしと命を守り、何気ない日常の向上・進歩を支えている当社だからこそ、ジオ・サーチの社員は幸せであり、豊かな人生を得られなければなりません。

当社の企業理念は、それを表しています。

また、ジオ・サーチでは、「Ｗｅｌｌ Ｂｅｉｎｇ経営」への取り組みも積極的に行っています。ジオ・サーチの企業理念のひとつに掲げている「全員の物心の幸福を追求することを目的として、社員の創造性および生産性を高め、チームワークと相互信頼の念を育み、さらに適切な報酬をもたらす優れた環境の育成に努める」が、まさにＷｅｌｌ Ｂｅｉｎｇ経営の方向性です。

社員一人ひとりが、今以上にレジリエンス力を高めながら、Ｗｅｌｌ Ｂｅｉｎｇを実感し、体現していけるような環境づくりを進めていくことを、ジオ・サーチでは実践しています。その具体例として、若手中心のチームによる本社フロアの増床プロジェクトから、フリーアドレスやカフェテリアなどの斬新な提案により、２０２３年2月には働きやすい環境空間が完成しました。

そして、人と人との関係性をＷｅｌｌ Ｂｅｉｎｇな状態にしていくこと、さらに、社内研修や職場環境の整備などを通じてWell Beingをジオ・サーチのカルチャーとして根付かせていくことを目指しています。

ジオ・サーチの、「私たちの技術で、世界中の人々の暮らしと命を守りたい」という譲れない想い。これは、ジオ・サーチで働く社員一人ひとりが幸福であってこそ成せることです。

幸せで、温かなハートを持ち、挑戦力に満ち溢れた多くの社員たちが世界に飛び出し、未来を築き上げる。

これが、ジオ・サーチなのです。

当社の企業理念には、このような想いをこめ、社員一人ひとりがそれを理解して、果敢に行動してくれるように浸透させています。

また、ジオ・サーチのホームページでは、次のようなコーポレートメッセージを発信しています。

真価を見つけ、
進化する。
地中に眠っているものは

私たちの目に映らない。
それは、まるで
宇宙の未知なる惑星のよう。
前人未到の新大陸のよう。
こんなに身近にあるのに
世界にはまだ、その真価に
気づいている者は少ない。

地下を可視化することで
フロンティアが広がっていく。
出会ったことのない
技術と知識が、かけ合わさることで
新たな価値が生まれ、広がる。
見えなかった可能性に気づいた時から
常識が、世界が、変わっていく。

だから今、踏み出す。
この世界のまだ見たことのない
景色を求めて
私たちは、開拓者となる。

そして人類はまた一歩
進化を遂げる

このメッセージで、ジオ・サーチの存在価値がご理解いただけるでしょう。

日本発、世界初のスケルカ技術で「インフラの内科医」に

これまで幾多の災害や事故現場に出動しそこで培った現場力、人の役に立ちたいというカルチャー、そして、世界で当社だけが持つ「スケルカ技術（高速・高解像度センシング技術）」。

これらが、減災の実現を目指すジオ・サーチの強みです。

スケルカというのは、マイクロ波を照射した反射波を解析することで、道路、港湾、橋梁などのインフラ内部にある空洞や埋設物を可視化する、ジオ・サーチが独自に開発した技術です。表面からは見えないものが透けるように見えてくるので、これを、「スケルカ」と名づけました。

実は、このスケルカは、タイやカンボジアにおける地雷除去活動を支援するために開発した「マイン・アイ」という地雷探知技術がベースになっています。私はジオ・サーチを経営する一方で、14年間、ボランティアで地雷除去活動にもかかわってきており、それが未知のフィールドを切り拓く、ジオ・サーチの企業精

神にも生きています（この詳細は後述します）。

スケルカ技術について、もう少し話を続けましょう。

まず、高解像度センサーを搭載した専用探査車両「スケルカー」が、一般道や高速道路、橋梁、空港の滑走路などさまざまなインフラを走行しながら、地中やコンクリート内部に向けてマイクロ波を照射し、反射波のデータを取得します。従来の探査手法では、探査車で一次調査を行ったあとに、交通規制をしてハンディ型探査機による詳細調査という2段階の作業が必要でしたが、スケルカーなら最高時速１００キロメートルで、５センチメートル角ぐらいの変異も透視できるため、交通規制も必要ありません。それは大幅な工期短縮とコストダウンにもつながっています。当社が保有するスケルカーは、現状、全部で34台。それらは全国12の拠点と台湾・アメリカにも配備しており、緊急時には12時間以内に現場に到着できるようになっています。

スケルカーがデータを取得したら、次はそれを当社が誇る、１００人以上の経験豊富な空洞診断エキスパートたちが、独自のシステムを駆使して解析、表面からは見えない空洞や構造物内部の劣化箇所を発見します。

これが、ジオ・サーチが「インフラの内科医」と呼ばれている所以なのです。

また、従来の手法では路面下の埋設物を平面的にしか把握できませんでしたが、当社のスケルカ技術を用いれば、地下インフラを立体化して３Ｄマップにすることも可能となります。

これなら埋設された配管の曲がりや重なり、さらに図面にない古い配管の位置なども探知できます。当社にはすでに、地上と地下情報を３Ｄ化した「DUOMAP」という技術があり、これも海外から注目が集まっています。

このように、平時からインフラ診断を行い、見つかった空洞や破損箇所などに手当てを施しておくことで、災害時に道路の陥没、床版の抜け落ち、埋設物の老朽化などに起因する重大事故が起きるのを、未然に防ぐことができるのです。

当社の減災事業のイメージが伝わったでしょうか。また、ジオ・サーチの技術が、安心・安全な未来づくりに貢献することが想像できることでしょう。

では、ここから、当社が保持するスケルカーと、そのバリエーション、さらに、スケルカ技術の応用で展開する事業をご説明しましょう。スケルカーについては、そのデザインが個性的かつ革新的なので、「走っている姿がカッコいい、このクルマに乗ってみたい」という理由で当社に入社してきた若者がいるくらい。まさに、ジオ・サーチの未来型ビジネスを体現するようなクルマと言えるでしょう。

図1　日本発、世界初のジオ・サーチの技術①

高解像度センサーを搭載した専用探査車両「SKELE-CAR（スケルカー）」

高解像度センサーを搭載した探査車「スケルカー」は、マイクロ波を照射しながら走り、点ではなく面で地中をスキャンして、異常箇所を発見する。しかも最高時速100㎞で路面下のデータ取得が可能なため、従来手法と比べ、地中の空洞調査や陥没予防調査の期間を劇的に短縮。大幅なコストダウンを実現する。

提供：ジオ・サーチ

スケルカート

持ち運びができ、簡単に操作が可能なスケルカート。作業員が一人いれば動かすことが可能。場所を問わず使用ができる。

GENSAI VEHICLE

米国仕様車として開発。世界に減災＝GENSAIを広め、グローバルワードにしたいという思いから、この名前になった。

スケルカーV

台湾で活躍するスケルカー。台湾の交通事情に合わせて、台湾専用車として活躍している。

提供：ジオ・サーチ

図2　日本発、世界初のジオ・サーチの技術②

世界で活躍する「SKELE-CAR（スケルカー）」のバリエーション

スケルカー D

最高時速100kmで、探査深度1.5mの調査が可能なスタンダードモデル。日本全国に配備しており、依頼があれば、どこにでもすぐ駆けつける。

スケルカー Dper

これまでのスケルカーより深い、探査深度3.0mまで調査することができるモデル。より広範囲なリスクを察知することが可能。

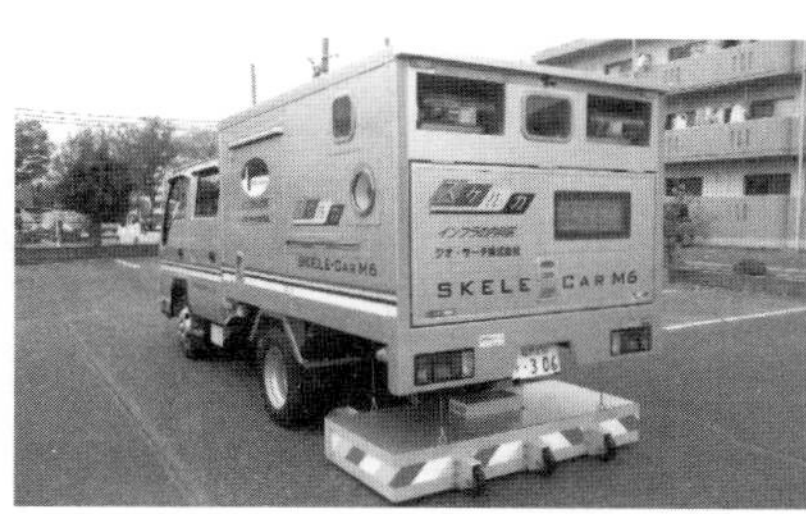

スケルカー M

生活道路など、道が狭く大型車が通りにくい道路で大活躍。小さな車体でも高い精度で空洞を発見する。

図3-1　日本発、世界初のジオ・サーチの技術③

安全・安心な未来を創り上げる3Dマップの活用モデル

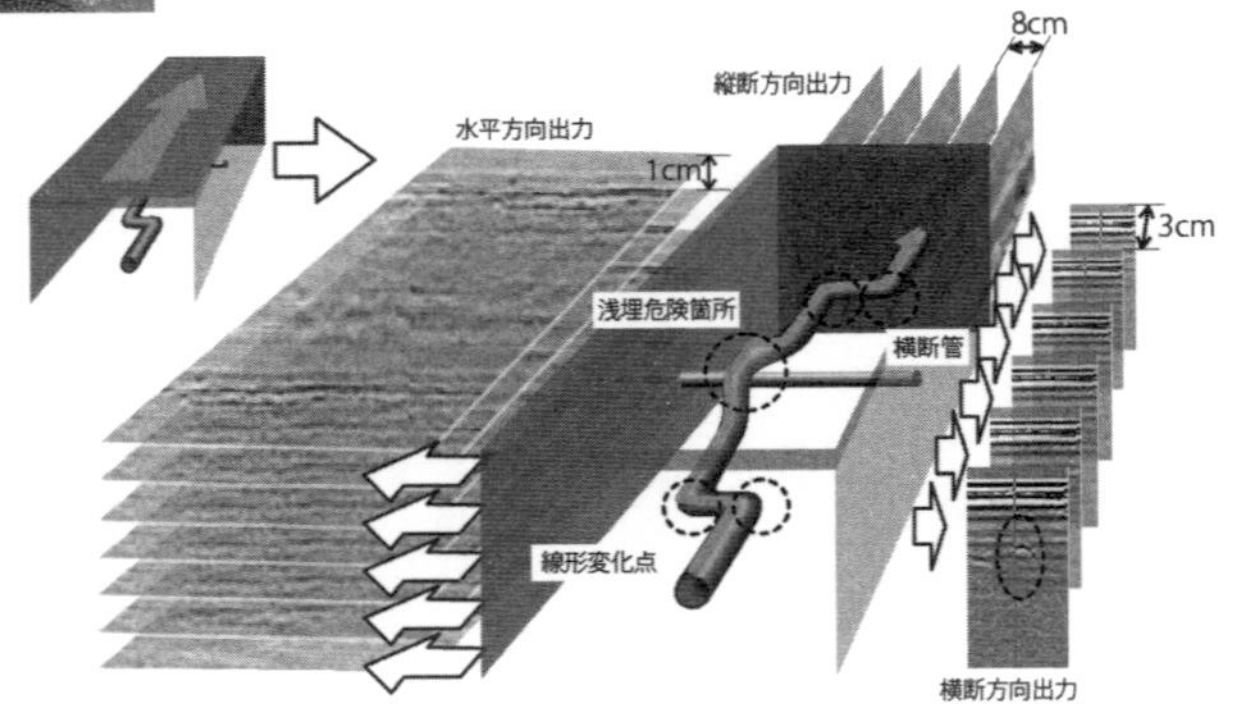

最新のマイクロ波センサーで地中のデータを取得・解析し地下埋設物の正確な位置を3Dデータで表示。地下埋設物の曲がりや重なりなどを詳細に3次元で把握することが可能になる。

提供：ジオ・サーチ

図3-2　日本発、世界初のジオ・サーチの技術④

安心・安全な未来を創り上げる3Dマップの活用モデル

この3Dマップを活用すれば、既存埋設管の干渉チェックやシミュレーションが可能になる。関係者全員が工事前に地下の埋設状況を3次元で把握することができるため、スムーズに工事計画の立案、工事の施工ができるようになる。

提供：ジオ・サーチ

スケルカ技術の応用で、安心・安全を守る事業を拡大する

ジオ・サーチでは、陥没予防調査や地上・地下インフラの3Dマップ以外にも、独自開発したオンリーワンのスケルカ技術を応用して、さまざまな事業を展開しています。ここでは、その一端をご紹介しましょう。

ひとつは、「橋梁・舗装劣化診断調査」事業です。車やトラックなど、日々、荷重を支え続ける道路や橋。これらは、何年、何十年も経つうちに、そのコンクリートや鋼材の疲労が蓄積されてきます。環境によっては、塩害や漏水、化学反応による劣化もあり、コンクリートであればひび割れ、鋼材であれば腐食して、劣化が現れてくるケースもあるのです。毎日使うインフラだからこそ、正確な劣化状態の把握が必要となるでしょう。

そのためにジオ・サーチでは、当社だからできる橋梁・舗装劣化診断調査を展開しています。

たとえば、マイクロ波を照射して、その反射を利用する当社独自のセンサー

により、コンクリートやアスファルト舗装の劣化状況を検知。豊富な情報と高いデータ解析技術を掛け合わせ、床版内部の状況を正確かつスピーディに判別。そして、どの程度劣化しているのか、マイクロ波の反射状況から、床版の劣化度合を3段階に分類し、グレードを分けることにより、どのような補修工法が有効なのか、より適した方法を見つけ出します。これによって、メンテナンス効果の向上が可能となるのです。

また橋梁床版内部を特殊技術により可視化することで、専門技術者以外でも床版健全性の判定ができるように設計。さらに定期点検の結果と併せることで補修計画策定に活用したり、経年的な変化を数値でモニタリングすることで、補修の優先順位付けが可能になるようにしています。

これらは、専門知識がなくても状況が一目でわかるよう、異常がある部分は赤色に変えるといった仕様で、理解しやすい形にしています。さらに、時間軸を加えることで、この場所の「将来」はどうなるのか、このままではどうなってしまうのかを予測できるようにして、より効率的な対策立案の手助けをしています。

ここでも、「インフラの内科医」の手腕を発揮しているわけです。

図4-1　橋梁・舗装劣化診断調査

高解像度センサーを搭載した開発探査車「スケルカー」で、マイクロ波を照射して異常箇所を発見。点ではなく面でスキャンすることで、断面ではなく、奥行きある面で計測する。最高時速100kmで、橋梁床版の内部データを取得することが可能。

提供：ジオ・サーチ

図4-2　橋梁・舗装劣化診断調査

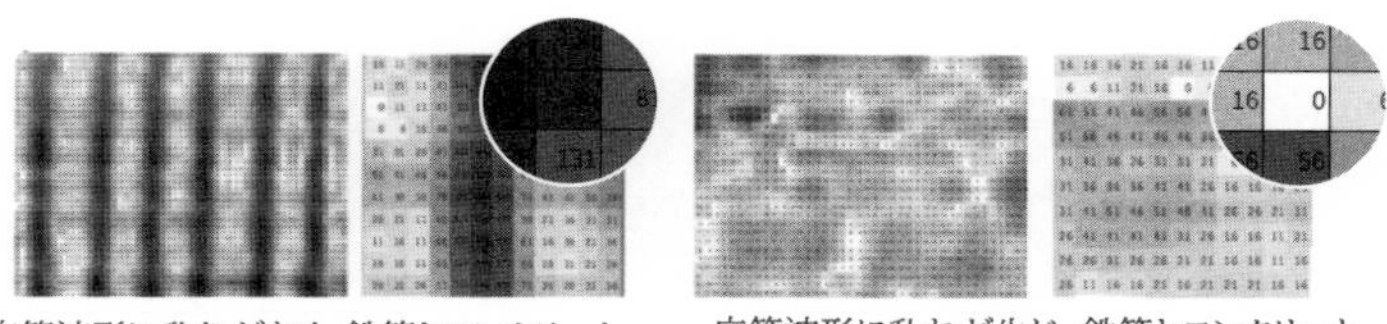

応答波形に乱れがなく、鉄筋とコンクリートのコントラストが明瞭

応答波形に乱れが生じ、鉄筋とコンクリートのコントラストが不明瞭

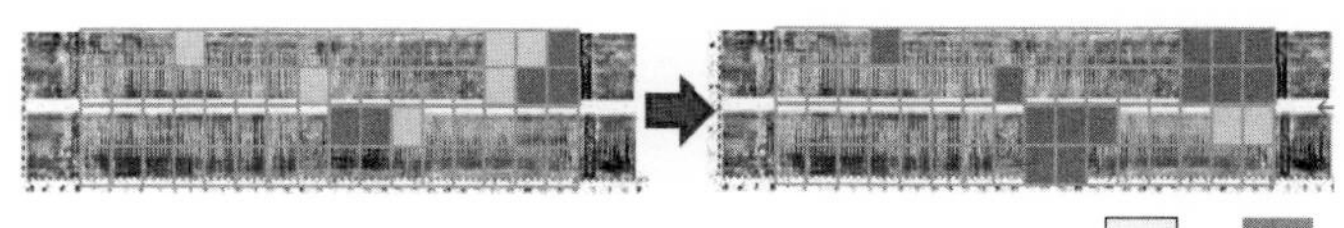

取得したデータを分析した上で、異常がある部分は赤色に変えるといった仕様で解析。さらに、時間軸を加えることで、この場所の「将来」はどうなるのか、このままではどうなってしまうのかを予測できるようにして、より効率的な対策立案の手助けをする。

提供：ジオ・サーチ

また、掘削状況3D管理アプリ「しくつ君®」という製品もあります。これは、掘削状況をスマートフォンひとつで3Dデジタルデータ化するアプリで、誰にもわかりやすいビジュアルで掘削状況を管理することができ、低コストかつスピーディな作業を実現します。

これまでの工事現場では、原則的に目視と紙による記録のために「試掘状況の全体把握が難しい」「写真と記録の相違、試掘結果の記録にミスが起こりやすい」「出来形管理に時間と労力がかかる」「試掘データが活用されず、無駄な試掘が生じる」といった課題がありました。

これらを解消するために、「しくつ君」は、標準的なスマホ・タブレットで簡単に撮影ができるようにして、その撮影データをアップロードするだけ。これによって、3Dデータの閲覧・ダウンロードが可能になるようにしました。さらに、試掘結果を3Dで直感的に把握できるため、地図情報プラットフォームでの一元管理も可能に。測距機能で、深さ離隔などの計測も可能になるようにしています。

また、この「しくつ君」と、地上や地下インフラの3Dマップを組み合わせることで、より広範囲・高精度で、地下3Dの情報を得ることができるようになります。イメージは、次頁の図5のようになります。

図5　しくつ君によって、地下インフラ3Dマップを高精度化

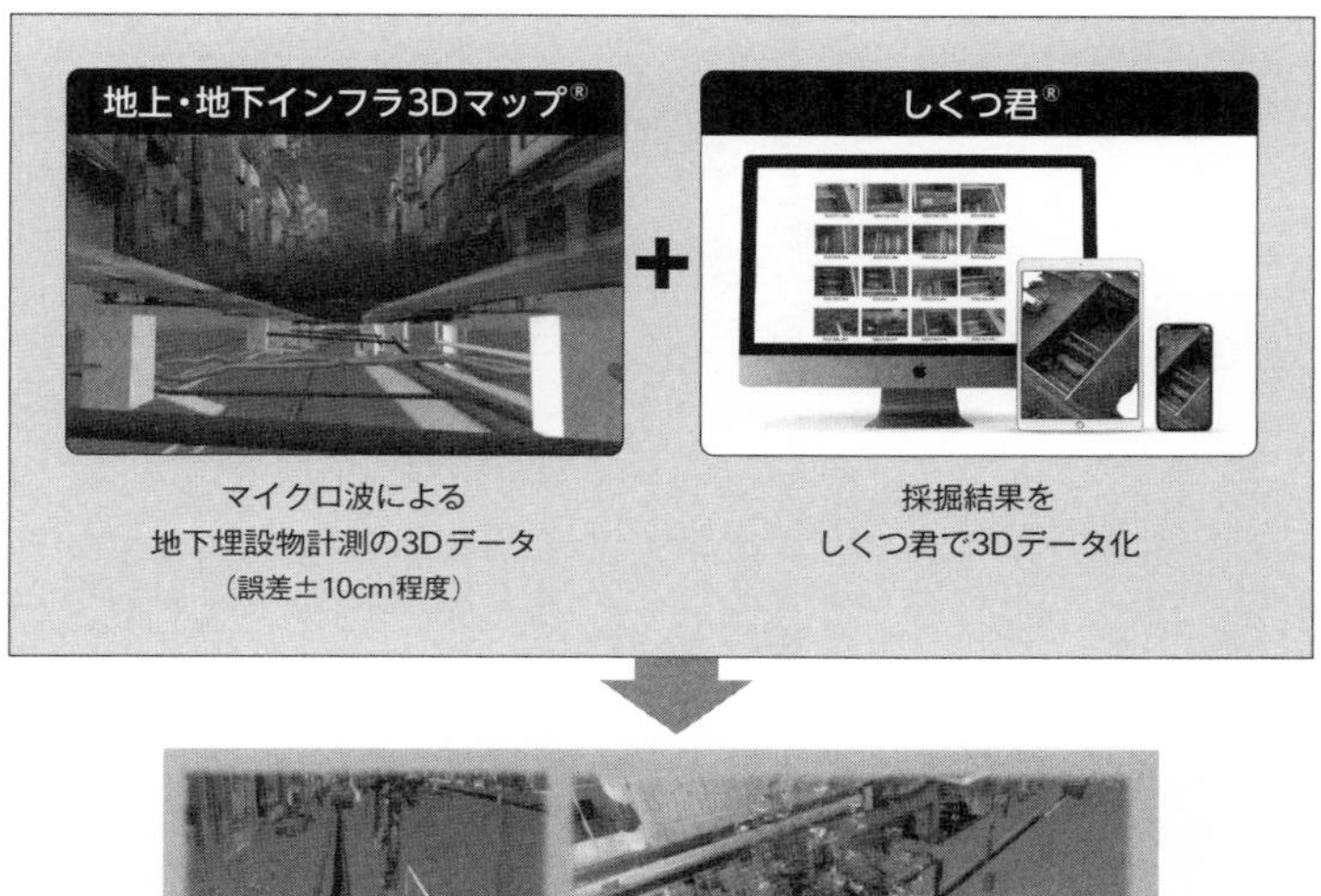

提供：ジオ・サーチ

Future Pioneerとなった、ジオ・サーチ誕生までのStory

「You can't connect the dots looking forward; you can only connect them looking backward. So you have to trust that the dots will somehow connect in your future.（前を向いて点を結ぶことはできず、後ろを向いて点を結ぶことしかできません。だから、あなたの未来では、点と点が何らかの形でつながることを信じなければなりません）」

―スティーブ・ジョブズの、2005年スタンフォード大学の卒業式でのスピーチより

まさか自分が、会社を起こし、マイクロ波技術を駆使してボランティアで地雷除去活動を行い、道路や橋などの空洞や劣化箇所を発見して災害を未然に防ぐことを生業にするとは、想像もしていませんでした。人生とは不思議なものです。

若い頃の私は、目の前に次から次へと現れる試練を乗り越えるのに必死でした。もともと小手先でやり過ごす器用さは持ち合わせていないので、いつも、「この

課題をどうしたら解決できるか」を考えて試行錯誤で挑む毎日でした。

もちろん、それでいつもうまくいったわけではありません。しかし何度も挑んでいるうちに最後には解決の糸口が見つかってきました。いつの頃からでしょうか、それまで全く関係ないと思っていた出来事が、結びついて窮地を救ってくれたり、次に進む道を示してくれたりということが、私の身に起こるようになってきました。

アップルの創業者であるスティーブ・ジョブズは、前述のように、スタンフォード大学の卒業スピーチで、「過去に打ってきた点が未来でつながる」と言っていましたが、どうやら人生というのは、そういう具合にできているようです。

ただし、この経験があとに何か役に立つのかなんてことは、渦中にいる時にはわかりません。だから、試行錯誤の連続です。「こんなことをしても無駄じゃないか」とか、「損をしたら嫌だから形だけでいいや」とかは考えない。いつだってどうしたら解決できるかにだけ集中し、試行しました。

中途半端じゃ面白くないじゃないですか。持てる力の全てを出すから自分の足りない部分もわかるのです。そして、その都度その分野のプロを探して助言をもらいながら進化してきました。それに、妥協することだけを選んでいたら、ジョブズのいう「点」が増えません。一見、回り道や寄り道ばかりのようですが、おかげで多くの出会いを通じて色々なところにたくさんの点を打つことができました。その結果がジオ・サーチであり、現在の私というわけです。

マイクロ波との出会いからジオ・サーチ誕生へ

では、ジオ・サーチ設立までの道のりを振り返ってみましょう。

私は、慶應義塾大学卒業後、三井海洋開発株式会社（以下、三井海洋開発）に就職しました。新入社員の最初の仕事は製図でしたが、どうもコツがつかめず、自分がしたいのは海外の仕事だから、そういう部署に行かせてほしいと直談判。しかし、新入社員をいきなり海外に派遣するのは無理と考えたのでしょう、フィールドエンジニアリング部門に異動させてくれました。ただしここは、残業も多くキツいので、ほとんどの社員が行きたくないと思っている部署でもありました。

とは言え、私は空調の効いた部屋で静かに図面を描いているより、現場で汗を流すほうが性に合っています。それに、「みんながやりたくないからこそ、チャンス」なのです。ここでも、幾多のトラブルに遭いましたが、努力を重ねてそれを乗り越えました。そして入社6年目の28歳、1979年に駐在員としてアメリカに赴任します。ただ、この年は1月にイラン革命が勃発、さらにその後OPEC（石油輸出国機構）が原油価格を段階的に引き上げたことで、世界的に石油の需給がひっ迫するという第2次オイルショックが起こりました。その煽りを受けた三井海洋開発は、開店休業状態。仕事がパタリと止まり、売上が急降下していきます。

このまま会社がつぶれてしまうんじゃないかと私は本気でそう思いました。ただ、ピンチこそチャンス。既存の事業が先細っているなら、私が新規事業を起こして三井海洋開発を立て直してみせる。

傍からみたら、若造が何を言っているのだという話ですが、いつだって私は真剣です。私は考えました。オイルショックの不況下でも業績を上げている企業はある。それらの企業がどのような分野でどんな仕事をやっているか調べれば、そこに新規事業のヒントが見つかるはずだ。

「これをやると決めたら、まずやってみて、走りながら考える」。昔も今も、これが私のスタイルなのです。

好調な企業の情報を探し、これはという企業が見つかると、連絡して資料を取り寄せる、あるいは、直接その企業に出向いて社長にインタビューを申し込む。

これを1年間続け、1300社の企業分析を行いました。その結果、巨額の投資をして新しい設備をつくる事業は不況に弱い。一方で、経済状況に左右されず伸びている企業は、メンテナンス（維持）、リペア（補修）、インスペクション（検査）のMRI分野に集中しているということが判明。それで、次にこのMRI分野で、将来性があってまだ実用化されていない技術がないか探すことにしました。

そうすると、NASAでエンジニアとして働いている知人が、ジョージア工科大学がヒューストンのベンチャー企業と、マイクロ波を使った地中探査の技術を研究しているという情報を教えてくれたのです。「マイクロ波を使えば、地上にいながら地下にどんなものが埋まっているかわかる」と聞いた途端、私は非常に興味が湧いてきました。そこで、専門書を取り寄せて、マイクロ波について一から勉強。わかってくるにつれて、これは確実にビジネス化できるという思いが強くなり、どんどん楽しくなってきます。

「マイクロ波を使ったビジネスを考えているので、色々教えてほしい」と、そのベンチャー企業にもアプローチすると、社長が直接会ってくれるという返事が。すぐに会いにいくと気さくな人で、話をしているうちに、意気投合。すっかり友だちになり、後日、マイクロ波を使った地中探査の事業を立ち上げたいので協力してほしいという私の希望を伝えると、「ああいいよ。技術供与しよう。どうせなら私の会社とジョイントしないか」と快く引き受けてもらえたのです。

マイクロ波を使った地中探査の新規事業は会社で承認され、発案者の私がその事業の責任者を務めることに決まりました。２年ぶりに帰国すると、さっそくプロジェクトチームを立ち上げ、アメリカから探査装置を取り寄せました。ところが、さあこれからというところで、いきなりつまずきます。探査装置が試験機だったということもあって、思ったよりも精度がよくないのです。それに、アメリカ仕様ですから大きくて重い。道路幅の狭い日本では使い勝手が悪すぎる。

頭を抱えているところに、東京電力から依頼がきました。

水力発電所では、ダムなどの取水口から取り入れられた水が、導水路を通って流れ落ち、発電機のタービンを回して発電をします。導水路はコンクリート製のトンネルで、古いものは天端部のコンクリートがそれほど厚くありません。だから、背面に空洞があると、そこに崩れ落ちてきた土や石によって破壊される危険性が高まるのです。そこで、三井海洋開発でマイクロ波を使った地中探査を始めたのなら、導水路トンネルの内側から天端部背面の空洞の有無と、コンクリートの厚さを非破壊で調査してほしいということでした。

しかし、大きくて重くて精度が悪いアメリカ仕様の機材では対応できません。そこで全部分解して、もっと小型で軽くなるように改良しました。それから、アンテナも高感度のものに取り替える。さらに、トンネル内は湿気だらけですから、防水加工も施さなければなりません。これは大変な作業で、完成までに2年を費やしました。そして、ついに世界初の「導水路トンネル診断システム」の実用化に成功したのです。その後は東京電力からは定期的に仕事が入るようになり、年間売上も3・5億円を超え、事業は順調に成長していきます。

東京電力の他に、官公庁からも仕事の依頼が来るようになり、地中探査事業はこの先もさらに伸びていく。私はそう信じて疑いませんでした。

ところが、三井海洋開発はオイルショック以降も本業の業績がなかなか回復せず、ついに債務超過に陥り、1988年12月末をもって解散することになったのです。さあ、困りました。なぜなら、東京電力との契約が翌年3月まで残っていたからです。事業立ち上げの苦しい時に助けてくれた東京電力は、恩人中の恩人。その恩人に迷惑をかけるようなことは絶対にしたくありません。

そんな時、テニス仲間の先輩が、父親の佐々木硝子(現東洋佐々木ガラス)株式会社の佐々木秀一会長を紹介してくれます。当時、佐々木氏は、東京商工会議所副会頭も務めていて、実業界に幅広い人脈を築いていました。さっそく面談して事情を説明すると、佐々木氏は開口一番、私にこんな問いを投げかけてきます。

「まず2つ質問しよう。ひとつ目は、覚悟だ。事業というのは命懸けだが、君に命を懸ける覚悟があるのか。2つ目は、君のやろうとしている事業は、本当に人の役に立つのか」

私は間髪入れず「命懸けでやります、絶対に人の役に立ちます」と答えました。

面接はそれで終了です。佐々木氏は、すぐに友人の三井銀行(現三井住友銀行)元頭取の小山五郎氏を介して、三井海洋開発の親会社である三井グループに、「自分が身元引受人になるから、冨田に事業の技術と営業権を譲渡してほしい」とお願いし、話をまとめてくれました。これによって、ジオ・サーチが生まれます。佐々木氏と出会わなければ、今のジオ・サーチはなかった。これは間違いありません。佐々木氏は1996年に鬼籍に入られましたが、当社・研究開発センターにある顕彰碑にお名前を刻み、感謝を続けています。

ここまでが、オンリーワンでナンバーワンの技術を持つジオ・サーチ誕生までのストーリーとなります。

Column

フロントランナーへの道を切り拓く発想を与えてくれた3人のメンター

私には、3人のメンターがいます。一人目が、佐々木硝子会長を務めた佐々木秀一氏。2人目が、京セラ創業者の稲盛和夫氏。そして3人目がセコム創業者の飯田亮氏です。佐々木氏は、前述のとおり、ジオ・サーチ誕生への甚大なご協力をいただきました。

2人目の、京セラ創業者の稲盛和夫氏との出会いは、次のようなものです。

ジオ・サーチを創業以来、私は、実はひたすら事業の拡大だけを目指して走り続けていました。とにかく技術開発にはお金がかかりますので、申請できる助成金は全て申請し、それでも足りないので会社はいつも火の車、自転車操業もいいところです。しかし、売上と利益しか頭になかった私と社員の間には、いつの間にか埋めようのない溝ができてしまっていることに気づきました。今思えば、経営者としての私はあまりに未熟だったのです。そんな時、経済産業省の外郭団体である社団法人ニュービジネス協議会が主催するニュービジネス大賞の優秀賞を、当社が受賞しました。しかし、経営に悩んでいたこともあって、会場で出会った協議会の関係者に「自分はこんな賞をいただける人間ではないのです。実は……」と悩みを打ち明けます。すると、その方が「だったら、ここで勉強をしてみたら」と、経営者の勉強会を紹介してくれました。それが、京セラの創業者である故・稲盛和夫氏が塾長を務めた「盛和塾」です。三井海洋開発で働いていた時、現場でよく一緒になった油田探査や、油田探査用計測機器の開発・製造を行っている多国籍企業シュルンベルジェについて書かれた『パーフェクトカンパニー』(徳間書店)を読んで深い感銘を受けたことがあります。その本の監修者が稲盛氏だったのです。ですから名前は記憶していたものの、どんな方なのかまでは詳しく存じ上げていませんでした。何のために会社を経営するのか。それは社会の役に立ち、社員を幸せにするために他ならない。盛和塾では、会社の存在目的をはっきりさせることが、いかに大事であるかということを学びました。

ジオ・サーチは、それまでずっと、「理念」もなしにひたすら走り続けてきていました。これでは社員の心が離れていくのも致し方ありません。

私は盛和塾で経営者としての心構えを一から勉強しながら、同時に「企業理念」の作成に取り掛かりました。前述したジオ・サーチの企業理念は、稲盛氏との出会いと教えから生まれたのです。

3人目の、セコム創業者の飯田氏とは著作を通じて知り合いました。稲盛氏と知己を得た翌年のことです。一読して雷に打たれたような衝撃を受けました。「社会に役立たない事業は成立しない」「人間性を磨くにはたくさんの人に会う」そこには、経営や生き方のヒントがいくつも書かれていました。

私はどうしても著者の飯田氏に会って直接話を聴いてみたいと思い、手紙を書きました。すると、10日ほどして、「会ってもいい」という返事が私の手元に届きます。間近で見る飯田氏は、すごいオーラの持ち主でした。

「お忙しいところわざわざ時間を割いていただきありがとうございます」

「人の紹介でなく、直接に面会を申し入れてきたから会ったんだ」

このやりとりで緊張がほぐれた私が、今こんな事業をやっていて、こんなところに悩んでいると話し始めると、飯田氏は初対面にもかかわらず真剣に耳を傾け、いくつかの貴重なアドバイスまでしてくれました。気がつけば時間は優に1時間を超えています。慌てて辞する用意をすると、「お前は面白いな、またちょくちょく遊びにこい」というありがたい言葉までかけてくれました。

私も物怖じをするタイプではないので、その1週間後また会いにいき、大胆にもジオ・サーチの社外取締役就任をお願いすると、「ああ、いいよ」とこれも二つ返事で引き受けてくれるという懐の深さ。私はすっかり飯田氏のファンになりました。毎週のようにセコムの社長室を訪れては、教えを乞うようになりました。

私が3人のメンターから、理念の大切さや、事業モデルのつくり方を教わることができたのは、私の未熟さゆえに社員の心が離れてしまったというのがきっかけです。しかしながらこれも、まさにピンチは学び成長できるチャンスでした。私は、人生でこういうことを幾度となく経験しています。だから、ピンチはドキドキ・ワクワクすると自信を持って言えるのです。改めてお亡くなりになった私のメンターの皆様には、深く感謝するとともに心よりご冥福をお祈りいたします。

私と3人のメンター

佐々木硝子会長
佐々木秀一氏

京セラ創業者
稲盛和夫氏

セコム創業者・JAHDS理事長
飯田 亮氏

津波被災地の調査状況

被災した神社で黙祷

毎年、被災した日和山で献花

Chapter 2

「減災」活動への覚醒

余計なことは、一切、考えず、
目の前の課題解決に必死で取り組むと、
常に、次の課題が見えてくる……。
その繰り返しで、たどり着く「減災」への道。
いざ、地下を可視化する技術で世界へ

地下空洞調査への挑戦。これが、減災に目覚める第一歩

ジオ・サーチの誕生は、1989年1月1日。私が、35歳の時です。このとき私は、三井海洋開発の社内ベンチャー・リーダーから、ついに起業家になったわけです。「ジオ」は大地、「サーチ」は探る。つまり、大地を探る。ジオ・サーチは、シンプルに、会社の目的をそのものズバリ社名にしました。

実は、事前の調査では、マイクロ波を使った非破壊検査や空洞調査を行っている会社は、日本にもすでに20～30社ありました。そういう意味ではジオ・サーチは後発です。ただし、他社の機械はほとんどがアメリカ製の輸入品。それらがどれだけ使い難く、精度もよくないかは、私自身がそれで痛い目をみているのでよくわかっています。

だからこそジオ・サーチでは、自分たちで苦労して、オリジナルの技術を磨いてきました。ゆえに、私たちは新参者ですが、「その技術力は国内トップ」というより、日本にライバルはいないと思っていました。

それに、地中の空洞を可視化するというマーケットは決して小さくありません。それどころか無限大です。しかも、そのニーズは世界中にあります。さらに言えば、技術力でアメリカ企業を凌駕できれば、私たちの技術がグローバルスタンダードになって、世界を席巻することだってまんざら夢物語ではないのです。当時、私は本気でそう思っていましたし、今もそう思っています。

ジオ・サーチ誕生期のメインの仕事は、東京電力の「導水路トンネル診断」でしたが、その後の展開も考えて準備しておく必要がありました。

「走り出したらあとのことは、走りながら考える」、それを流儀とする私は、ニーズがありそうなところに目星をつけ、話だけでも聞いてくださいと、片っ端から飛び込みを始めました。もちろん、そんなに甘くはありません。

そんな悪戦苦闘を続けているうちに、突然、転機が訪れます。

ジオ・サーチ立ち上げの前年から東京・銀座で道路の陥没が多発していたこともあって、地下空洞が社会問題としてにわかにクローズアップされ始めたのです。

ところが、当時は既存技術を総動員しても、わずか5%の確率でしか地下空洞を発見することができないというありさま。これでは対処のしようがありません。

そこで、旧建設省が、空洞探査技術開発を目的としたプロジェクトを急遽立ち上げ、開発委託先の公募を開始したのです。旧建設省に営業に行った際、知り合った国道課の補佐官の方から、「ジオ・サーチの技術は道路の陥没予防にも使えるか」という連絡がきました。

その時はまだ地下の探査はやったことがありませんでしたが、こんなチャンスは2度とないと思った私は、「できます」と即答。ここから事態が動き始めます。技術評価を経て、ジオ・サーチはなんとか開発委託先の2社の中に選ばれました。旧建設省が求めている仕様は、公道で一般の交通を妨げず時速30キロメートル超で探査して、80%以上の確率で地下空洞を発見できる技術でした。導水路トンネル診断システムの探査速度は、時速4キロメートル。この速度をさらに30キロメートルにまで上げなければならない。しかも空洞の的中率は80%以上。でも、挑戦するしかありません。

できるかできないかではなく、必ずできると信じて開発するしかないのです。

現場でエンジニアと試行錯誤を繰り返しながら、役所に打ち合わせに出向き、資金集めに歩く。人数が少ないので一人何役もこなさなければなりません。そんな最中、東京・御徒町で行われていた東北新幹線のトンネル工事の影響で通行人や車が巻き込まれる大規模な道路陥没が発生。ますます開発実用化に拍車がかかります。そんなタフでエキサイティングな研究開発の日々が約1年続きました。

1990年10月、当初の仕様を全て満たす、世界初の自走式探査車の試作機がついに完成します。その実証テストが行われたのは翌月の、天皇陛下の即位を祝うパレード「祝賀御列の儀」が行われる2日前。当日、天皇・皇后両陛下を乗せた車が通過する皇居から赤坂御所までの4・6キロメートルのコースに探査車を走らせて、地下に空洞がないかどうかを調べるのです。すでに複数社がルートの探査を行いましたが、空洞を発見できませんでした。

ところが、当社の試作機だけが、なんと地中の空洞を見つけたのです。

この結果を受け、すぐに補修工事が行われました。それで、安心して祝賀御列の儀のパレード本番を迎えることができたのです。当社の技術力が抜きんでているのは、一目瞭然でした。やはり、導水路トンネル診断システムというベースがあったことと、社運をかけて挑戦した熱意が他社よりも勝っていたと思います。

ジオ・サーチ創業時は、このような感じでしたが、ここから国内・国外での幾多の経験を経て、「減災」をテーマに活動する企業へと進化します。

ジオ・サーチの進むべき道を変えた「東日本大震災」とは？

「まず遠くにゴールを定め、そこに向かって詰め将棋のように緻密に事を進めていく」というやり方は、どうも私の性に合いません。余計なことは考えず、目の前の課題解決に必死で取り組んでいると、次の課題が見えてくる。私の人生はその繰り返しです。

とは言え、あとから振り返ると、ひとつとして無駄はなく、全てが自分を進むべき方向に導くための必然だったようにも思えます。

アメリカでマイクロ波に出会ったのも、あとにこの技術を減災に役立て、人々の暮らしと命を守るためだったのではないか、そんな気がしてなりません。

ジオ・サーチが、「減災」を目指す企業に変わった契機は、２０１１年3月11日14時46分に日本を襲った「東日本大震災」だったと言えます。この未曾有の災害が、ジオ・サーチがすべきことを決定づけたのです。

この大地震の発生時、東京都大田区にあるジオ・サーチ本社も、立っていられないほどの大きな揺れに見舞われました。

道路や橋、港湾施設などのインフラ内部の空洞や劣化箇所を正確に発見し、陥没などの事故を防ぎインフラの長寿命化を図るのが、平時の私たちの仕事です。いつ、どの場所を探査するかは事前に計画されており、作業はそれに沿って行われます。ところが、ひとたび自然災害が発生すると、猶予ある定期的な調査では対処できません。とくに大地震だと、道路陥没や土砂が地上に噴出する液状化現象が起こり、地中の空洞化を引き起こしかねないからです。

そうしてできた空洞によって道路が陥没すれば、人や車が転落するなどの命にかかわる2次災害の危険性が高まり、被災地域の救援・復興活動を滞らせる要因にもなります。

従って、震度5強以上の地震が発生すると、当社には国土交通省や自治体から、「被災地域の陥没予防の緊急調査」の出動要請が届きます。ちなみに、年間緊急出動数は115件(2020年)、143件(2021年)と年々増加しています。東日本大震災の時も、当初はまだ被災状況は確認できていませんでしたが、体感から震度5強を上回っていることは確実でしたので、これは間違いなく陥没予防の緊急出動が必要になると確信しました。

揺れがおさまるとすぐさま全員で全国の現場や支社にいる社員の安否、それから機材や調査車両が被害を受けていないか確認。しばらくして、全員が無事で機材も大きな被害を受けていないことがわかると、次は被災状況の収集・分析を手分けして行いました。

出社している社員全員で、会議室のテレビから流れてくる最新情報を食い入るように見つめていると、徐々に、震源は宮城県沖で、東日本の太平洋側はかなり広い範囲で被災、首都圏も公共交通手段が寸断されているといったことが明らかになってきます。今帰宅するには危険があると判断した私たちは、しばらく会社で様子を見ることにしました。こういう時のために社内には、食料や水から発電機まで、必要なものが用意されているのです。

そして、緊急出動要請の第一報は、3月13日に入りました。場所は茨城県鹿島工業地帯です。地震とともに発生した津波で被害を受けた工場の臨海施設の状況を、至急調査してほしいとのことでした。

社内では急遽編成された「3・11チーム」がすでに待機しています。けれども、私はすぐにゴーサインを出すことができませんでした。

ジオ・サーチは、これまで阪神・淡路大震災、十勝沖地震、能登半島地震・新潟中越地震などの被災地を調査してきました。

だからこそ、緊急事態で大事なのは、スピードと正確さであることを理解しています。どんな災害でも、被害を受けた地域は一刻も早い応急処置を必要としているに違いありませんが、インフラ内部の被災状況がわからなければ、処置を施しようがありません。

ただ、東日本大震災はこれまでの経験値をはるかに超えていました。余震も収まっていないし、調査に向かう道路の状態もわからない。津波で被害を受けた福島第一、第二原子力発電所も予断を許さない状況にあります。

いくら当社のスタッフが駆けつけても、現場で被害に遭遇するようなことがあれば、役に立たないどころかかえって迷惑をかけてしまう。だから、私は出動命令を躊躇したのです。

一方で、これまでも調査したことのある鹿島港は、津波が直撃した東北の地域ほど壊滅的な被害は受けておらず、東京からの道路ネットワークも分断されていませんでした。しかしながら、これは、早く調査しないと「2次災害が起こる危険が高まる」ということにもなります……。被災した顧客からすぐに緊急調査してほしいという要請に応えたいというスタッフからの要望が、私のところに矢継ぎ早に上がってきます。

そこで、何よりも安全を優先し、震度5強以上の余震が起こったらすぐに避難するという条件で、私は翌日出動を許可しました。

当時の空洞探査車は、比較的平坦な道路や歩道で作業することを前提につくられているので、道路が土砂や瓦礫で覆われていたり、大きな亀裂や段差ができていたりすると走行できない恐れがあります。

幸い鹿島港の道路の状態はそれほど悪くはなく、探査車が使えることがわかりホッとしました。

そうこうしている間に会社には、茨城県常陸那珂港、千葉県習志野市と、鹿島港以外のところからも続々と緊急調査依頼が入ってきます。

私たちは、「依頼は全部受ける」と決め、とにかく安全を最優先にして、それぞれの現場に緊急調査チームが出動していきました。

図6　「東日本大震災」震災時の活動

明らかとなった地下鉄周辺道路の空洞の多発化と脆弱性

明らかとなった臨海インフラの脆弱性

提供：ジオ・サーチ

東日本大震災後の調査で学んだこと

東日本大震災以降1年におよぶ調査で、私たちは1000カ所以上の空洞を発見しました。

発生頻度は平常時の10倍以上、また、過去の地震と比較しても6倍以上の多さです……。

これには地震の起こった3月11日以降も、震度5以上の余震が1年間で52回発生したことが大きく影響しています。

当たり前ですが、地震で揺れるたびに地上だけでなく、目に見えない地下インフラも大きなダメージを受けるのです。

また、空洞が多発化する原因は液状化だということも、東日本大震災後の調査で初めてわかりました。震度5強を超えると、地下鉄や埋設管の施工時に多く使われる埋め戻し砂の結合が緩んで沈下するため、そこに空洞ができやすくなる。このため、埋立地、大型地下構造物や下水管周辺、それから、水分を多く含む砂を使った港湾岸壁や河川護岸などでは空洞が多発し、陥没が起きやすいということが判明したのです。

東日本大震災では、古い下水道管が敷設されている道路で陥没が多発するという現象も見られました。

下水管は鉄だと腐食するので、古いものだと陶管が使われています。ただ、陶は強度が弱いため、大きい地震だと簡単に破損してしまう。そうすると、汚水が地下水源に流入して水が飲めなくなるのです。

それから、昔の水道管には鋳鉄管が用いられていることが多いのですが、継ぎ手が折れやすいという欠点があります。地震のあと道路から水が噴き出すのは、継ぎ手が破損してそこから漏水が生じやすいためです。

こういうことも、東日本大震災後の調査を重ねるうちに、次々とわかってきました。

だからこそ、平常時から埋設物や下水道周辺はとくに念入りに調査し、空洞を発見したら迅速に補強工事をすることが必要なのです。

ただし、従来の砂による埋め戻し工法では空洞が再発してしまいます。そこで、ジオ・サーチでは、これらの調査結果を踏まえ、空洞箇所に、モルタルなどの沈下や液状化が起こりにくい材料を注入する方法を提案しています。

危険地帯をデータ化する「減災」の考え方を確立

前述した、人々の暮らしと命を守るベネフィット・コーポレーション。東日本大震災は私に、これこそが、ジオ・サーチの目指す北極星だということを教えてくれました。

そして、そのために私たちがやるべきことは、減災をおいて他にありません。防災ではなく減災です。

私たちは地震、台風、水害など自然災害の多く発生する国に住んでいます。これらを人知や科学で１００％コントロールすることは不可能です。自然がひとたび牙をむけば人間などひとたまりもない。そのことは地震のあとに襲来した津波が如実に物語っています。

しかし、あらかじめ自然災害の起こりそうな危険地帯をデータ化し、災害時に起こりそうな現象を予測して対策を施しておくことで、被害を減らすことはできる。これが減災の考え方です。

そのためには日々の活動も、それまでのように平時のインフラの維持管理ではなく、自然災害発生時の減災を意識したものに変えなければなりません。

同時に、取り組まなければいけない課題も見えてきました。

まず、人と機材の増強。東日本大震災級の自然災害で広範囲が被災した場合は、どちらも圧倒的に足りないと痛感しました。

ちなみに、当時は、路面下の空洞を調査するスケルカーが10台しかありませんでしたが、現在は国内に32台まで増強するとともに、災害時にも使用できるトラックベースに改良しています。

また、スケルカーの性能も格段に上げ、２０１１年の段階では時速80キロメートル、地下１・５メートルまでしか探査できませんでしたが、10年後の現在では時速１００キロメートル、地下３メートルまで探査可能としました。

それから、拠点の分散化。本社が被災しても、システムがダウンしたりデータが失われたりしないようにするためです。

このように、東日本大震災はジオ・サーチがやるべきことを決定づける大きな契機になったと言えるでしょう。

2016年の熊本地震にて、「インフラの内科医」として立つ！

東日本大震災以降、ジオ・サーチは減災を通じ人々の暮らしと命を守るというところに軸足を置くと決め、経営資源もそのために集中します。

その結果、地中透視技術・スケルカは3Dマップに進化。スケルカーの数も増強して全国12の拠点に配備し、災害時には12時間以内に調査を開始できる体制を整えました。

また、液状化が起こった地域の路面下を総点検し、脆弱性を評価するマップをつくり、空洞の補修法に関する提言なども行い、減災に対する活動を積極的に進めています。

一方、政府も、近い将来に発生すると予想されている首都圏直下地震や南海トラフ地震に備え、東日本大震災の教訓を生かそうと、防災・減災に力を入れ始めました。

そして、2013年12月、「強くしなやかな国民生活の実現を図るための防災・減災等に資する国土強靭化基本法」が立法。

すると、なんとジオ・サーチのスケルカが、内閣官房国土強靭化推進室のモデル技術に選ばれたのです。

さらに、私も国土強靭化アクションプランのワーキンググループのメンバーに選出されました。

これは大変ありがたかった。

なぜなら、メンバーになれば、道路陥没予防対策についてさまざまな提案をする機会が増えるからです。

日本の道路陥没は、年間で1万2000件以上発生しています。

とくに老朽化した地下インフラが密集している都市部ほど、空洞が多発し陥没が起こりやすくなっているのです。しかし、一般の人にはまだこの事実があまり伝わっていません。

本気で国土を強靭化するのであるなら、陥没予防調査や空洞が発生しやすい箇所の補修に、予算も含めもっと力を入れるべきなのに、なかなか進まないのは、国民が危機感を共有するほど陥没予防の重要性が認知されていないからです。ひとたび自然災害が起きれば、今のままでは都市部のあちこちで道路が陥没して交通ネットワークが遮断され、水や電気も止まり、多くの人が2次被害を受けることは容易に想像できます。

全国の自治体の陥没予防対策がなかなか進まないのは、住宅の耐震補強や無電柱化などが進まないことと同様に、まだまだ有事に対しての減災の重要性について認識が低いことも要因のひとつと思います。

東日本大震災から5年が経過した2016年4月14日夜と16日未明に、連続して震度7の揺れが熊本県益城町を襲い、県内で20万棟近い住宅が被災する大きな被害が出たのです。

熊本城では天守閣の瓦が落下し、石垣の一部が崩落しました……。

日本国内で震度7以上の揺れを観測した地震は、3・11以来です。

実は、熊本地震の前年に、私は熊本市の防災担当者たちの前で、道路陥没予防のための空洞調査の必要性を説明していたのです。

しかし、その時は「南海トラフ地震が発生したら、熊本市に支援センターを設置することが決まっているくらい、熊本地域は地震に強いから大丈夫」と楽観的に構えている関係者の意識を、変えられませんでした。

悔やんでいても始まりません。すでに災害は起こっているのです。

最初の出動要請は、震源に近い宇城市から入りました。

住民が阿蘇の地下水を飲料水として利用しているので、道路の陥没を予防するための空洞調査だけでなく、下水管の破損状況も調べてほしいとのことでした。

本書でもすでに触れたように、下水管が壊れて汚水が水源に流入すると、汚染によって飲料水が供給できなくなってしまいます。

一刻を争う緊急事態です。

そこで、私たちは福岡事務所だけでなく、札幌、仙台、東京、名古屋、大阪からもスケルカチームを宇城市に派遣することにしました。

さらに、スケルカーも5台投入。それらを休日返上で走らせ、取得した調査データは自前の遠隔診断システムを活用して各拠点に送り、手分けして解析するという体制を、大急ぎで整えたのです。

これで、調査から解析までのスピードが従来の10倍以上に高まりました。その結果、わずか1カ月ほどで、約700もの空洞を発見するという快挙を成し遂げたのです。

まさに、「インフラの内科医」としての面目躍如と言っていいでしょう。私はこの緊急事態に、不眠不休で頑張ってくれたわが社のスタッフに、心から敬意を表します。

なお、発見した空洞は全て災害査定が承認され、復興費の支給対象となりました。復旧工事も迅速かつスムーズに進み、宇城市からは大変感謝されたことを付け加えておきます。

ただ、1年前に陥没予防調査による地下情報のデジタル・カルテがあれば、モニタリング調査による損傷個所を早期に発見して、被害をもっと抑えられたのは間違いなく、それだけが今でも残念です。

図7　「熊本地震」震災時の活動

スケルカー5台投入し緊急調査

宇城市内道路の緊急調査状況

提供：ジオ・サーチ

博多駅前陥没事故で、協働チームの一員として復旧に貢献

２０１６年11月8日未明、福岡県福岡市の博多駅前で、地下鉄七隈線延伸工事に伴う大規模な道路陥没事故が発生しました。

実は、博多駅の周辺は事故が起こる1カ月ほど前に空洞探査を行っていたのですが、その時はとくに異常は見つかりませんでした。ただ、博多や中洲のあたりというのは、元々が埋立地ですから砂や水が多く、地盤が軟弱です。

陥没が起きた経緯としては、岩盤層を掘り進めていたトンネル上部の地盤が割れ、地面と岩盤層の間にあった地下水や土砂が坑内に流れ込んだためです。

大きな陥没だったにもかかわらず、犠牲者が一人も出なかったのは、不幸中の幸いだったと言えます。陥没が起こる直前にトンネル工事の作業員が岩石の落下や異常出水といった崩落の兆候に気づき、すぐに退避するとともに警察に連絡し、付近の道路を立入禁止にしたことで、人や車が巻き込まれる事故を、事前に防ぐことができたのです。

陥没の数時間後には、福岡市から当社に出動要請が入りました。「これから、復旧作業のために重機を手配するが、どこまで安全に近づけるかを知りたいので、陥没箇所の周辺に、危険な空洞がないかを調査してほしい」という依頼でした。

すぐに準備に取り掛かり、事故発生から2日後の11月10日に、最初の安全確認調査を行いました。ただし、こちらとしても、陥没の恐れがあるところに車を走らせるわけにはいきません。


どんな場合もスタッフの安全が第一です。

それで、この時は手押し式の探査機材を使用してモニタリングを行い、調査区間には空洞がないことが判明しました。その報告を受けた福岡市は、翌日から陥没箇所の埋め戻しと、地下インフラの復旧工事に着手。

一方で、私たちはモニタリング調査を続けます。前日のデジタルデータと突き合わせれば、何か変化があればすぐにわかります。

その後も新たな空洞は見つからず、事故発生から6日後の11月14日には、高島宗一郎・福岡市長がブログで「事故後から周辺道路の空洞調査を続けているが、現在のところ異常はみられない」と公式発表。

翌15日早朝には、復旧工事と安全確認が完了し、道路封鎖が解除されると、国内だけでなく海外メディアも、その復旧の早さを驚きの声とともに伝えました。

わずか1週間で原状回復ができたのは、オール福岡の協働チームがそれぞれの持ち場で全力を尽くし、機能的に動いたからです。

ジオ・サーチも協働チームの一員として責任を果たせたことを、今も誇らしく思っています。

その後、11月26日に復旧箇所が部分的に数センチメートル沈下したという報告があり、翌日、当社で自主的に安全確認調査を実施しましたが、危険な空洞の発生はありませんでした。そして、11月28日には、福岡市から感謝状をいただきました。今回の道路陥没事故復旧作業における当社の働きを、行政からも評価していただけたのは、望外の喜びです。なお、博多・中洲地区では現在もモニタリング調査を継続的に行っています。

また、福岡市はその後、当社の提案を受けて陥没予防対策を発表。さらに、災害に強く環境にやさしい街づくりを掲げ、減災に対するさまざまな取り組みを行い、その成果を全国に発信しています。

図8 「博多駅前陥没事故」での活動

陥没直後からの緊急調査状況

提供:ジオ・サーチ

大規模道路陥没に臨んだ北海道胆振東部地震での緊急調査

熊本地震から2年後の2018年9月6日深夜、今度は北海道で最大震度7の「北海道胆振東部地震」が発生しました。

被災地では道路陥没が多発するものですが、北海道胆振東部地震で驚いたのはその規模です。博多駅前の大陥没の時は、タテ35メートル×ヨコ40メートル四方の規模でしたが、この時は、なんと札幌市営地下鉄東豊線沿いの道路が大規模に陥没していたのです。

私もすぐに現場に駆けつけました。

陥没していない歩道沿いに陥没範囲を1時間がかりで視察してみると、4車線道路が4キロメートルにわたって全て陥没していることを確認。札幌市からの出動要請を受け、地震発生の11時間後には、札幌市東区道路の緊急調査を開始しました。

なお、この地震では北海道全域が約11時間にわたって停電(ブラックアウト)に見舞われたのですが、当社は全拠点に非常用の発電機を準備しているので、幸いにも初動の遅れはありませんでした。

豪雪地帯の北海道には、ショベルカーやクレーン車などの重機がたくさんあります。それらが復旧のために札幌に一気に集結しました。

復旧を安全に実施するために、ジオ・サーチが探査車とハンディ型探査機を駆使して空洞を調査し、重機が陥没の恐れのない安全なルートだけを通って補修箇所に到着することができました。

その結果、大量の重機を投入したにもかかわらず、2次災害が起こることなく復旧工事は一気に進んだのです。

あれほどの大陥没だったにもかかわらず、なんとわずか11日で仮復旧工事が完了。道路も直ちに開放できました。

博多駅前陥没の復旧の時も、その早さに世界が驚きましたが、この時はそれをさらに上回るスピードで復旧を成し遂げたのです。

なお福岡市に次いで札幌市からも、当社は感謝状をいただきました。

また、北海道胆振東部地震では、苫小牧東港コンテナターミナルでも液状化が起こり、空洞が多発してターミナルが使用できなくなりました。そして地震発生の翌日には、苫小牧港管理組合からも緊急調査の要請が入ったのです。

苫小牧は北日本最大の国際拠点港湾で、物流機能が停止すると1日あたり約7億円の損失が出てしまいます。

だからこそ、すぐに対応する必要があり、要請のあったその日に調査を始めました。

スケルカーを2台投入し、空洞を発見すると直ちに復旧業者に連絡をして即時補修してもらう方法を考案。延々とこれを繰り返し、9月10日には損傷していた港湾施設の仮復旧が完了しました。そして、地震発生から1週間後の9月13日には、閉鎖していた国際ターミナルが運用を再開できたのです。

減災を意識して、日頃から準備を怠らない。この姿勢と機動力があればこそ、ジオ・サーチは、こういった緊急出動にも柔軟かつ適切に対応し、人々の安全と安心に寄与していくことができるのです。

また、研究開発チームは日本人だけでなく、オランダ・アメリカ・フランス・ロシア・台湾の国籍を持つエンジニアで構成されています。さまざまなパートナーとの共同研究も実施しており、常に技術も進化しています。

図9 「北海道胆振東部地震」震災時の活動

札幌市東区道路の緊急調査状況

苫小牧港コンテナターミナルの緊急調査状況

提供：ジオ・サーチ

Column

不当な圧力に負けない。ピンチは、学び、進化できるチャンスに

私の生き方、そしてジオ・サーチのポリシーには、「ピンチは、学び、進化できるチャンス」という考え方が根付いています。ピンチを「流れの変化」と捉えれば、その動きを的確に読み、その後の行動をしっかりと練ることで、新しいステージに立てる可能性があるからです。

今ではオンリーワンでナンバーワンの技術を持つジオ・サーチですが、実は、こんなことがありました。

創業してから、国土交通省の空洞調査業務は、ジオ・サーチが調査を行い、その結果をもとに、初代理事長・多田宏行氏が率いる財団法人道路保全技術センター(以後財団)が補修や調査の計画を立案するという体制で行っていました。

ところが、2006年に財団の理事長が代わると、状況が一変します。

それまでは協働で役割分担も非常にうまくいっていたのに、新理事長は、「これからは財団が空洞調査業務を全てコントロールする、お前のところは持ってい

る技術を全部開示し、技術者も全員財団に転籍させろ……」と要求してきたのです。

もちろん、長年苦労して磨いてきた技術を、ああそうですかと渡すことなどできるはずがありません。

すると財団は、２００８年からは、技術力よりも道路管理経験者がいることを最重視するように、国交省の入札条件を変更させました。

財団にしか仕事を受注させないように、ジオ・サーチ外しが仕組まれたのです。

その結果、当社は入札条件が変更されて以降、国土交通省の空洞調査が全くなくなり、売上は8割減と落ち込みます。

ジオ・サーチのような弱小民間企業が歯向かったところで、勝ち目はないから早く軍門に下ったほうがいいとアドバイスしてくれる人もいましたが、私は納得できませんでした。

こちらは間違ったことなどひとつもしていないのです。それに、ジオ・サーチを締め出してまともな空洞調査ができるはずがありません。案の定、財団は息のかかった企業グループへ空洞調査の丸投げを始めますが、どの企業も正確に空洞を発見できません。

激減した空洞を不審に感じた国道事務所の内部告発により、２０１０年に財団の調査した道路を検証した結果、空洞や危険箇所の見落としが全国で数百カ所も見つかり、ずさんな調査が明らかになります。

最終的には、財団は２０１１年に解散します。

ちなみに、国土交通省の空洞調査業務は、２０１８年から技術コンペ方式が採用され、空洞発見能力が高い企業が受注できる入札に改善されました。

ジオ・サーチは、財団と対立して仕事がなくなった2年間を有効活用して技術を進化させ、スケルカを実用化できました。この技術革新がなければ、２０１１年3月に発災した、東日本大震災後の陥没予防調査に間に合わなかったかもしれません。

これこそ、「ピンチは、学び、進化できるチャンス」の実例のひとつでしょう。

図10　検証で確認された「危険空洞」

提供：ジオ・サーチ

地下は人類にとって新たなフロンティアです

Chapter 3

地下を制して、世界をつかむ

空洞探査技術開発から道路の陥没予防事業に、
そして、請われて地雷用の探査機を開発……。
カンボジア、タイ、そして世界を飛び回り、
圧倒的な技術力に称賛を得ながら、
苦難を越え、努力を重ねて世界を席巻していく……

国連からの「地雷探知」依頼を受け、徹底的な技術開発を

2011年3月11日14時46分に日本を襲った「東日本大震災」によって、ジオ・サーチは、世界の人々の未来を守る「減災」を活動指針にする企業に進化し、世界に羽ばたくべく事業を拡大しています。しかしながら、ジオ・サーチの海外進出は、実は、これよりもずっと以前のこと。プラスチック製対人地雷の探知技術開発がそのスタートになります。

話が少し前後しますが、ジオ・サーチの事業が軌道に乗り始めた1992年、私が、アメリカ交通輸送調査委員会（Transportation Research Board/TRB）で発表した「マイクロ波を使った空洞探査に関する論文」が、優秀賞を受賞しました。するとその論文を読んだといって、意外な人物が当社を訪れました。

国連の初代地雷除去責任者であるパトリック・ブラグデン准将が、その人です。

「ジオ・サーチの技術で、これを見つけることはできませんか」

そう言って彼が私に手渡したのは、直径5センチメートルのプラスチック製対人地雷。もちろん、それまでそんなものは見たこともありませんでした。

彼によれば、世界の紛争が終結した地域には、金属探知機では見つからないこのような地雷がたくさん残っていて、それが復興の妨げとなっているとのこと。

要するに、「ジオ・サーチの技術で、非金属性の地雷を見つけられないか」と言うのです。簡単なテストをしてみたら、プラスチックも空洞も、マイクロ波に対して似た反射信号が出ることがわかりました。ただ、当社の探査システムで発見できる空洞の大きさは、直径50センチメートルが限界で、直径5センチメートルの対人地雷を識別することは、当時の技術では不可能。技術的な話をすると、もしそれをできるようにしようと思ったら、解像度を縦横それぞれ10倍に上げ、10×10で１００倍にしなければなりません。これはあまりにハードルが高すぎて、手に負えないと思いました。実際、解像度を１００倍にまで高めるのに、15年の年月を費やしています。逆に、15年かければできるのです。

ただ、ほとんどの会社は、そのために15年間辛抱強くチャレンジし続けるなんてことはやらない。途中でギブアップしてしまうのです。

でも、私はあきらめません。やるとなったらできるまでやります。だから、当社に話を持ってきたのは正解だったと言えます。しかし、その時は、とにかく本業で会社を軌道に乗せるのに精一杯で、対人地雷用の探査機を開発するような余裕はなく、話を聞いただけでそのまま何も手を付けずにいました。

ところが、それから2年後の1994年、突然、スウェーデン政府から連絡が入ります。それは、その年にストックホルムで開かれる「地雷除去関係者会議」への参加要請でした。国連が、日本のジオ・サーチを推薦したとのことです。その時の私には地雷に関する知識も興味もなかったものの、なにしろ国連の推薦ですから無視するわけにもいきません。それで、とりあえず行くだけ行ってみることにしました。

そこで初めて私は、地球上には1億個を超える地雷が敷設されたまま放置されていて、それらを発見するには現状は金属探知機か犬の嗅覚に頼るしか手がないことや、見つかった地雷は手作業で掘り出すため効率が悪く、年間10万個程度しか除去できないことなどを知り愕然とします。そして、地雷原では毎日のように一般市民が地雷の犠牲になっているという事実に、私は言葉を失いました。

とりわけ私にとってショックだったのが、旧ソ連がアフガニスタン侵攻の際に使用した「おもちゃ地雷」。チョウのような形状と鮮やかな色で、明らかに子どもの興味を惹くようにつくられているではありませんか。しかし、おもちゃのような見た目でも実体は地雷です。触れば爆発し、手を伸ばした子どもは手や足を失うといった大けがをさせられる。

なんて卑劣な武器なんだ。これには心底憤りを覚えました。

自分に何ができるかわからないが、それでもできるかぎりの協力はしよう。世界16カ国の専門家が2日間にわたって対人地雷除去について話し合う場に同席しているうちに、私の気持ちは固まっていきました。

それは、「人々の暮らしと命を守る」という当社の使命にも合致する。だったらやらないわけにはいきません。

私は帰国するとすぐに、どうすれば地雷探知ができるかを考え始めます。

そして、マイクロ波を照射した反射で、地中に埋まっている地雷の形状をビジュアル化するというコンセプトにたどり着きました。これなら、地雷除去を行う人たちの安全を確保した状態で、効率的に作業ができます。

この発想が、スケルカ技術の開発につながっていくのです。

試作機「マイン・アイ」を持って、カンボジアの地雷原へ

先述の地雷除去関係者会議の翌年、ジュネーブで、国連の地雷・不発弾除去会議が開催されました。この地雷除去というのが、当時の国連の最優先課題だったのです。私はそこに、今度は外務省の要請で、5カ国代表の一人として参加しました。そして、その場でこの地雷探知技術のコンセプトを発表し、非常に高い評価を得たのです。この会議で基調講演された、当時国連難民高等弁務官を務められていた緒方貞子女史からも、「日本だけが地雷を輸出していない国だからこそやりなさい」と背中を押されました。

国連では、同じく地雷探知機の開発にかかわっている他国の技術者から「あなたの考えがいちばん進んでいる」と賞賛の言葉をかけられ、私はますます自信を持ちました。また、自分は国連の最優先課題に取り組んでいるのだと思うと、誇らしい気持ちにもなります。

私はますます地雷探知機の開発にのめりこんでいきます。

1997年には完成したばかりの試作機「マイン・アイ」を持って、カンボジアの地雷原まで行きました。

すると、そこで私は強烈な現実を突き付けられます。地雷原となっているカンボジアとタイの国境付近には電気、水道、道路、病院といったインフラがなく、地域の住民はみな、ものすごい貧困にあえいでいたのです。

幸い試作機は順調に稼働し、埋設された対人地雷の可視化の実証には成功したものの、この地で本格的な地雷除去活動を行うためには、インフラの整備を含む総合的な支援が必要だと痛感しました。

そうなると、もう居ても立ってもいられないのが私の性分です。

すぐにその場から、私のメンターでもあるセコム株式会社の創業者・飯田亮氏に国際電話をかけ、今自分が何を見て、何を感じているかを伝え、力を貸してほしいとお願いしました。

飯田氏も、突然、冨田がカンボジアから電話をしてきて、何を興奮しているのだとあきれたことでしょう。でも、そこからが早かった。

電話を切った時には、私が帰国したらオールジャパンの協力体制をつくる打ち合わせが決まっていたのです。この時、間違いなく、カンボジアの私と日本の飯田氏の間で、同期発火が起こったのです。

さらに、この同期発火は次々と連鎖していきます。私のもう一人のメンターである京セラ株式会社の創業者・故・稲盛和夫氏をはじめ、飯田氏と私が手分けをして色々な人や企業に声をかけ、気がつけばその輪は約250の企業・団体と個人1500人にまで広がっていました。

その年の12月には、小渕恵三元総理（当時は外相）がオタワ条約対人地雷禁止条約に署名します。小渕元総理からの直電「ブッチホン」を受けた私は、日本の地雷探査技術や後方支援活動が、どれだけ国際社会から期待されているのかといった話をさせてもらいました。

そして、1998年3月には、世界初の企業、団体、個人がそれぞれの得意技で協働して地雷除去活動を支援するNGO法人「人道目的の地雷除去支援の会（JAHDS＝ジャッズ）」が発足します。

JAHDSが発足すると事務局長としての私の生活は一変、ジオ・サーチでの社長業とは別途、1年のうち半分がカンボジアでのボランティア活動になりました。しかし、ボランティアといっても決して生易しい活動ではありません。

なにしろ現場は地雷原ですから、いたるところに地雷が埋設されています。しかも、地雷というのは見つからないように巧妙に隠されているうえ、ブービートラップが仕掛けられていることもあるので、四六時中一瞬たりとも気が抜けません。だって、一歩間違えれば死傷してしまうのです。

乾季は気温が40度を超え、雨季には道路が水没する豪雨地域。衛生状態は最悪で、気をつけていてもすぐに下痢をするし、デング熱やマラリアなどの風土病の危険もある。治安も日本とは比べものにならないくらい悪い。

そんなところで連日、イギリス特殊部隊の軍人や海外のＮＧＯメンバーが行う地雷除去の後方支援を行うのです。

これを4年半続けていたら、いくら体力には自信があるといっても、さすがに体は悲鳴を上げます。重度の脊椎狭窄症を患ってしまい、３カ月間床に臥すことになりました。

しかし、転んでもただでは起きない私の本領がここでも発揮されます。

高い志を胸に始めた地雷除去だったはずでしたが、活動を始めてみると次々と問題が噴出し、活動は思ったように進みません。倒れる前の私は、このまま続けていていいのかという疑問に答えが出せないまま、一方で徒労感に苛まれていました。そこで、ベッドで横になりながら、これまでの自分の手法や考え方を振り返ってみることにしたのです。

思えば、それまでの私はただ前だけを見つめ、ひたすら全力で突っ走るだけでした。しかし、人生というのは時に立ち止まり、自分が行くのはこの道でいいのか確認することも重要なのです。私にそれを気づかせるために、神さまは少し手荒なことをなさったのでしょう。

そして、寝たきりの3カ月間、徹底的に考えたことで、色々なことがわかってきました。なかでも次の2つに考えが至ったことは、以後の活動の大きなヒントになったと言えます。

ひとつは、地雷原はカンボジアとタイの国境付近にあって、私たちはインフラが整備されておらず、危険度も高いカンボジア側で活動を行ってきましたが、これを治安のいいタイ側から行えば、もっと効率よくできるのではないか。

もうひとつは、私たちの活動目的は地域文化の再生と経済復興であって、地雷除去はあくまでその目的を達成するための一手段にすぎないということ。

それから、この時たまたま手にした、ぐるなび創業者・滝久雄氏の著作『貢献する気持ち』（紀伊國屋書店）からも、多くのことを学びました。

それまでの私は、かわいそうな人たちを助けるのは義務だと心のどこかで思っていました。なので、活動がうまくいかないと、義務が果たせていないと自己嫌悪に陥り、いつしかボランティア活動を負担に感じるようになっていたのです。

ところが、滝氏によれば、人間にはもともと貢献心という本能が備わっているので、かわいそうな人を見て「助けたい」「役に立ちたい」という感情が湧くのは自然なことだといいます。

だから、「ただ、助けたい」「役に立ちたい」という気持ちに従えばいいのであって、そうしていると自然に充実感が得られるということでした。

そういえば、地雷除去活動にかかわり始めた頃は、自分たちの技術が世界平和につながるというのがうれしくて、ワクワク、ドキドキしながら地雷探知機の開発に取り組んでいたはずです。それを思い出したらもう、活動に対する疑問も徒労感もどこかにいってしまいました。

ジオ・サーチを創業し、社長として率いてきた私の、カンボジアでの地雷探知作業は、このように進んでいきました。この経験と、その中で生まれた発想は、今のジオ・サーチの原点とも言えるかもしれません。

図11　カンボジアでの地雷除去作業

スケルカのルーツ、地雷探知機「マイン・アイ」

JAHDS地雷除去員

提供：ジオ・サーチ

タイ・カンボジア国境「プレア・ヴィヒア寺院」遺跡での地雷除去活動で……

寝たきり状態から復活すると国連職員から、旧ユーゴスラヴィアのコソボで行われている地雷除去活動の視察に誘われました。

ここもカンボジア同様、多くの地雷が埋設されたままになっている地域です。病み上がりでしたが、来てよかったと思いました。なぜなら、今後の活動のヒントがいくつも見つかったからです。なかでも大きかったのが次の2つ。

ひとつ目は、組織体制。コソボにも各国のNGOが入っていましたが、それぞれがバラバラに動くのではなく、国連がリーダーとなって各NGOに作業を割り振っているため、無駄なく効率的に作業を進められるようになっています。

2つ目は、地雷除去を専門家だけに任せず、プロが地元の人たちに除去の仕方を教育し、彼らを戦力化しているというところ。これだと雇用の創出にもつながるので、まさに一石二鳥なのです。

コソボから戻ると、私は活動の拠点を比較的治安がよく、支援も得られやすいタイに移し、新たな活動を開始します。

カンボジアでのJAHDSは、イギリスNGOの後方支援というポジションでしたが、タイではJAHDSが自ら地雷除去チームを立ち上げ、活動することにしました。そのため、南アフリカ特殊部隊出身で数々の地雷原で経験を積んできた生粋のプロを雇うと、タイ陸軍にも協力してもらって地元の農民約50人をトレーニングし、地雷除去チームをつくったのです。

このチームを率いて最初に取り組んだのが、タイ南西部にある「サドック・コック・トム」遺跡の再生プロジェクト。2年かけて、甲子園球場約10個分の広さの土地の地雷を除去しました。

すると、これで私たちの力が認められたのか、次はこれをやってほしいと、タイ政府から新たな依頼が届きました。

タイとカンボジアの国境に位置するダンレク山地の頂上に、クメール王朝時代の9世紀に建立された「プレア・ヴィヒア寺院」遺跡があります。この遺跡の領有を巡ってタイとカンボジアの間で長らく紛争が続いていたのですが、2004年に急遽、プレア・ヴィヒア寺院遺跡を観光資源として共同開発し、世界遺産登録を目指すという政府間合意が、両国間で交わされました。

しかし、遺跡の周辺は地雷だらけ。

これでは危険すぎて、世界遺産登録など到底無理。

そこで、遺跡周辺の地雷を完全に除去して観光客が安全に訪れられるようにするという、国家を挙げての一大事業をＪＡＨＤＳが頼まれたのです。歴史的意義や責任の重大さを考えると、日本の一ＮＧＯが受注できるレベルをはるかに超えているといっても過言ではありません。ものすごく名誉なことに間違いはないのですが、一方でやりきることができるかという不安もありました。

しかし、その後実際にプレア・ヴィヒア寺院を訪れその壮大な姿を目の当たりにしたら、そんな不安は一気に吹き飛びました。

地雷を除去し、人々が集える場所にこの遺跡をよみがえらせるのは、対立しているタイ・カンボジア軍ではない中立的なＪＡＨＤＳしかできない。面白い、やってみたい。その瞬間、そう確信したのです。

３カ月の寝たきり生活というピンチがなければ、こんなビッグなチャンスは巡ってこなかったでしょう。

やはりピンチは、学び、進化できるチャンスなのです。

地雷除去は、平和への思いの発信

私は、クメール語で「神聖な寺院」を意味するプレア・ヴィヒア寺院周辺の地雷除去を引き受けると決意しました。

ただ、着手する前にいくつかの問題を解決しなければなりません。最大の難問は、なんといっても活動資金です。ざっと見積もっても年間3億円は優にかかります。

2003年度のJAHDSの会費・寄付金収入は約4700万円。自主財源だけでは到底まかないきれません。

しばらくは資金調達に走り回る日々が続きます。

しかし、平和な日本で異国の地の地雷除去というのはあまりピンとこないのか、なかなか思うように集まらない。こうなったら国に協力してもらおうと、「日本NGO支援無償資金協力」も申請しました。だが、こちらも、待てど暮らせど許可がおりません。

仕方がないので資金の目途がつくまで苦肉の策として、現地の地雷除去メンバーを、いったん全員解雇することにしました。

そんな時、支援団体のひとつである高野山が、ＪＡＨＤＳの活動を応援するためにコンサートを開催すると申し出てくれたのです。もちろん、こちらとしては大歓迎。私もすぐに高野山に向かいました。

コンサートは大盛況。気をよくした私はせっかく高野山まで来たのだからと、翌日、奥の院まで続く2キロメートルの道を歩くことにしました。


参道の両側には20万基を超える墓標が静かに立ち並んでおり、そこには織田信長、石田三成、豊臣秀吉、徳川家康などの歴史上の人物も眠っています。

それらを横目に、「生前は敵どうしだったり、憎しみ合っていたりした人たちも、死後はこうして同じ場所に祀られているのだな」などと考えながら歩を進めていると、突然「ピースロード」という言葉が頭の中に浮かびました。

私たちが、これから地雷除去を行おうとしているプレア・ヴィヒア寺院遺跡一帯は、幾世紀も争いが絶えません。つまり、これまで多くの人々の尊い命が失われてきた場所です。

と言うことは、私たちの活動は、単なる地雷除去による復興支援で終わっていいはずがありません。そこで亡くなった人たちの鎮魂、さらに今後、再びその地で争いが起こらないようにと願う、平和への思いの発信でなければならない。

私は湧きあがったこの想いを、プレア・ヴィヒア寺院遺跡周辺の地雷除去活動のコンセプトにすると決め、この活動名を新たに「ピースロード・プロジェクト」とすることにしました。

これが功を奏します。

JAHDSという組織の理念や私たちのやろうとしていることの意味を「ピースロード」という言葉に集約したことで、イメージが伝わりやすくなり、支援の輪が湖に投げた小石の波紋のように、徐々に広がり始めたのです。

ほどなく外務省の「日本NGO支援無償資金協力案件」に選定されることも決まりました。こうして、なんとか必要な資金を調達することができたのです。

JAHDSは2004年から2年間の歳月を費やし、プレア・ヴィヒア寺院遺跡周辺の甲子園球場約17個分の地域に埋設されていた、全ての地雷と不発弾の処理を完遂しました。

2006年11月27日、関係者700名を集めて完工式を挙行。同時に、これ

図12　地雷除去をしたプレア・ヴィヒア寺院周辺

プレア・ヴィヒア寺院建設当時の想像図

提供：ジオ・サーチ

2008年、世界遺産に登録される

までＪＡＨＤＳが行ってきた地雷除去活動を、今後は現地の財団法人「ピースロード・オーガニゼーション（ＰＲＯ）」に引き継ぐことが決まり、そのバトンタッチもその場で行われました。

これをもって私の、14年におよぶ地雷除去活動は、無事終焉を迎えたのです。

なお、プレア・ヴィヒア寺院遺跡は２００８年7月、無事世界遺産に登録されました。ただ、その後タイとカンボジアの間で勃発した紛争に巻き込まれてしまったのは残念でなりません。

また、地雷除去活動を進める中で、当社が開発した地雷探知システム「マイン・アイ」も飛躍的な進化を遂げました。これがあとに、マイクロ波の反射波を解析することでインフラ内部を可視化するスケルカ技術に進化していきます。

最初からそこまで考えていたわけではありませんが、結果的に地雷除去が、ジオ・サーチの成長も加速させてくれたのです。

つまり、ジオ・サーチの地雷除去活動は、未開発のフロンティア「地下」を制することでもあり、さらに、日本発、世界初の技術を開発して、全世界を駆け、幸せな未来を築こうとする当社の礎となっていると言えるでしょう。

韓国での空洞調査へ。世界が、ジオ・サーチを待っている

ジオ・サーチの海外展開は、これまでお話ししましたように地雷除去活動から始まりました。しかしながら、そこでの努力と発想の転換、そして技術開発が「スケルカ技術」を生み、日本だけでなく、世界を臨む力を養ってくれたのです。

道路の陥没事故は、日本だけでなく海外でも起こっています。これはとりもなおさず、地中の空洞探査という技術は世界中で必要とされていることを意味します。もちろん、減災に国境はありません。

海外であっても当社の技術が、その国に住む人々の暮らしと命を守ることに貢献できるのであれば、私たちは協力を惜しみません。

ジオ・サーチが最初に海外で空洞探査を行ったのは、2014年。場所は韓国ソウル市です。

ある時、当社に一人の韓国人が訪ねてきました。差し出された名刺には、「ソ

ウル市役所危機管理課課長」と書かれています。話を聞いてみると、要するにこういうことでした。

韓国では近年道路の陥没が急増しており、ソウルだけで2012年に689件、2013年には854件の陥没が発生していて、負傷者も出ており、深刻な社会問題となっている。もちろん、市の危機管理担当としてはこの事実を見過ごすわけにはいかず、既製の地中レーダーなどを使って調査を試みたものの、何度やっても空洞が見つからない。

いったいどうすればいいのかと途方に暮れていたその時、日本のジオ・サーチという会社が空洞調査で高い実績を挙げているという噂を耳にした。それで、いてもたってもいられず、藁にもすがる気持ちで来日すると、その足で当社にやってきたという。

事情はわかったものの、その時は海外での空洞調査は未経験だったことに加え、当時は歴史認識の相違などで、日韓関係は良好とは言えない状態でしたから、さすがに二つ返事で引き受けるわけにはいきません。それで、翌日、韓国でも事業展開している経営者の友人にも同席してもらい、あらためて事情をうかがうことにしました。

するとと、課長の話を一緒に聞いていた彼は、いつになく真剣な顔で、私にこう言います。

「どうやら彼は本気で困っているようだ。命懸けで助けを求めているのが私にはわかる。だから、冨田さん、なんとか助けてあげてください」

このひと言で、私はソウル市の陥没予防調査を手伝うと決めました。

ただ、なにぶん初めての海外での調査ですから、期待に応えられるかどうかわかりません。

それで、まずはボランティアとして、試験的に調査することにしました。費用は全て当社負担にしました。それで2014年12月1日から5日にかけて、ソウル市の主要地下鉄駅付近の道路約60キロメートルの調査をしたら、なんと空洞を41カ所も探知しました。しかも、そのうち18カ所は、地表から30センチ以内にある、陥没リスクが高い空洞だったのです。

その後、空洞の分布や補修の優先順位などを地図に示した報告書をソウル市に提出し調査は終了。的中率は90％以上でしたから、大成功と言えます。

この結果は、韓国ではかなり衝撃的だったようで、20以上のメディアが、「日本企業が高度な技術と機材で地中の空洞調査を行い、ソウル市の陥没予防に貢献した」というニュースを大きく報じました。

もっとも、なかには、ジオ・サーチが調査技術の詳細を教えなかったことを批判がましく書いている記事もありましたが、それは会社の財産だし、もともと無償のボランティアですから、非難されるいわれはありません。

まあ、そのあたりは、日本企業を、諸手を挙げて賞賛できないという彼の国メディアの事情があるのでしょう。

ソウル市からは、ちゃんと感謝状をいただきました。

私たちとしては、正式な要請があれば誠意を持って対応する心づもりでいました。ところが、ソウル市側から、指定業者は価格競争入札で決めるので、入札に参加してほしいと連絡がありました。

しかし、国内・国外問わず、当社は技術力を評価しない単なる価格競争入札には参加しないことにしています。

なぜなら、空洞探査においては、品質確保が最優先というのが当社の方針だからです。それゆえ、技術コンペは大歓迎ですが、品質を確保しない恐れのある「とにかく安く」という要請はお断りしています。

そう伝えると、ソウル市は当社抜きで入札を行って業者を決めました。ところが、落札した地元業者では、当たり前ですが技術力が伴わないので、私たちのような成果を挙げられませんでした。

その後、窓口となるソウル市の企業を紹介するので、協働して調査をもう一度やってほしいとの要請を受け、引き受けることにしました。

その結果、私たちは2016年から2年間でソウル市内の道路、延べ2600キロメートルを調査し、約2005カ所の空洞を発見、これによって、市内の道路陥没事故を7割減らしました。

ソウル市での活動を通して、どこの国も都市部は陥没事故の問題を抱えていることがわかったのは、当社にとっても収穫でした。

世界の都市でも、インフラの老朽化に伴い、陥没事故が増えるでしょう。

さあ、ジオ・サーチの出番です。

世界がジオ・サーチを待っている。これが確信に変わりました。

図13　韓国・ソウルでの空洞調査

ソウル市内調査状況

発見した大空洞

提供：ジオ・サーチ

ジオ・サーチは、台湾でも韓国同様、ボランティアで地下空洞の試験調査を行っています。

ただし、韓国・ソウル市とは違い先方からの依頼ではなく、こちらの希望で実現したものです。

2018年、台湾へ。「花蓮地震」対応で、抜群の認知が！

知らない方が多いかもしれませんが、実は東日本大震災が発生した時、台湾は真っ先に救援物資や他のどの国よりも多い250億円もの義援金を日本に送ってくれています。

熊本地震発生の際も同様です。台湾からは、すぐに支援金や救援物資が届けられ、被災者に救いの手を差し伸べてくれているのです。

友人が困っている時に、さっと手を差し伸べる。

私はこれらの事実を知り、彼らに感謝するのはもちろん、こういうことが自然にできる台湾の人たちの国民性に感動すら覚えました。そして、日本人としていつか必ず台湾の人たちに恩返しをしたいと思っていました。

そして2018年2月6日に、台湾で最大震度7を記録する「花蓮地震」が発災します。

「これは必ず陥没予防が必要になる……」とピンときた私たちは、「花蓮市で恩返しをしよう」と、ボランティアでの空洞調査を具体化しようと考えたのです。

交流のある日華議員懇談会の古屋圭司会長にお願いして、台湾の駐日経済文化代表所経由で、被災地の花蓮市に私たちの希望を伝えてもらうと、ほどなく私のところに同市から、調査依頼が届いたのです。

どうせボランティア調査をするなら、他地域にも広げて試験調査したいと思いました。2016年2月6日発生の「台湾南部地震」で被災した高雄市と台南市にも話をしてもらったのですが、あまりいい返事がありませんでした。

しかし、8月に集中豪雨があって、その後に両市で道路の陥没が起こると、やはり調査をしてほしいと担当者から依頼がありました。

こうして、高雄市は2018年9月19~20日と10月1日の3日間で総計70キロメートル、花蓮市は同9月26～29日の4日間で総計40キロメートル、台南市は同10月2～3日の2日間で総計25キロメートルを、それぞれ試験調査することになりました。

スケルカーは、台湾政府の計らいで、日本で使用している車両をそのまま持ち込ませてもらうことができました。

私たちがそのスケルカーの車体前後に、「東日本大震災と熊本地震に対しての支援を感謝します」という台湾語の垂れ幕をつけて調査に臨むと、たちまち現地では話題の的となり、どこに行っても大歓迎を受けました。

台湾ヤフーではスケルカーに関するツイート数がナンバーワンを記録、高雄市では空洞調査を開始すると、スケルカーを取り上げたフェイスブックに、30分で2000もの「いいね！」がつく、メディアも100件以上が取材に訪れるなど、その関心の高さには驚かされました。

また、スケルカーを見つけるとドライバーが手を振ってくれたり、休憩中の私たちのところに、近所のおばさんがスイーツを持ってきてくれたり、台湾の人たちは本当にフレンドリー。

この人たちのためにも、危険な空洞を発見したいという気持ちに日に日になっていきました。

調査した結果、花蓮市で112カ所、高雄市では156カ所、台南市で42カ所の、危険性の高い空洞を発見しました。

さらに、その他にも各市で多数の空洞が発生していることが判明。期間は短いながら、陥没予防に貢献することができ、ようやく少し恩返しができたとホッとしました。

調査終了後には、高雄市の許立明市長、花蓮市の魏嘉賢市長、台南市の李孟諺・代理市長からも、それぞれ感謝の意を表したコメントをいただいています。

私たちの恩返しはこれで終わりではありません。

はじめはボランティアとしての活動でしたが、ジオ・サーチの技術力と機動力が、台湾で一気に認知されたのです。

2019年9月には、台北支店を開設。オンリーワンでナンバーワンの力を持って、ジオ・サーチはこれからも、台湾の地下インフラ強靭化に貢献して、台湾の未来が、安心で安全なものになるよう尽力していきます。

図14　台湾「花蓮地震」での活動と「スマートシティ EXPO（高雄）」出展時の模様

地震被災地でのボランティア調査状況

提供：ジオ・サーチ

いざ、アメリカに！世界が認める圧倒的な成果を出す

これまでジオ・サーチは、韓国と台湾で陥没予防のための空洞調査を行い、いずれも高い評価を得てきました。しかし、それによって私たちの技術を世界に知らしめることができたのかといったら、残念ながらそうはなっていません。アジアの狭い地域でいくら実績を積んでも、それだけではローカル企業で終わってしまいます。世界で認められるためには、世界中の人が注目している厳しいマーケットで、圧倒的な成果を挙げてみたいと考えました。

では、そこはどこなのか。

そう、アメリカです。

アメリカには各国から優秀な人や企業が集まっています。挑戦は決して楽ではないでしょう。だからこそ、そのアメリカで認められたら私たちの技術は世界標準となって、多くの国から必要とされるようになるはずです。

すぐさまアメリカに進出する具体的な計画の検討を始めました。進出候補地は、

地震被災経験を通じて、人々の暮らしと命を守る「減災」に対して理解があるカリフォルニア州を選びました。

「ロサンゼルス市、陥没した道路に、車ごと落下した女性に対して約4億円を支払い和解へ」

2019年12月4日付の米ロサンゼルス・タイムズ紙に掲載されたこの記事を見て、いよいよ機は熟したと私たちは確信しました。

この頃ジオ・サーチの会長となっていた私は、すぐに当社・雑賀社長をはじめとするチームをロサンゼルスに派遣。ロサンゼルス市役所に対して、「自分たちは陥没予防のための地下空洞探査を行っているのだが、実証調査をさせてほしい」と申し入れます。すると、陥没事故訴訟の対応をしている関係者の関心も高く好意的に対応をしてくれました。

ただ、その後に新型コロナウイルスが流行り始めて渡航制限が敷かれ、アメリカへの行き来ができなくなってしまったため、実証調査計画は一時中断を余儀なくされます。

しかしながら一方で、ジオ・サーチがアメリカに挑戦することが果たしてベストの選択なのか、国際貢献ならもっと別の道があるのではないかという迷いも、わずかに残っています。それを払拭できなければ、企業のトップとして重大な決断は下せません。

それで、私は、日本で唯一正解を知っている人に直接尋ねることにしました。

2021年6月8日、私は安倍議員事務所を訪れます。

「ジオ・サーチの減災技術でアメリカ進出に挑戦したいのですが、総理はどう思われますか」

私が単刀直入にこう質問すると、安倍元総理はうれしそうな顔でこんな言葉をかけてくれました。

「面白い。冨田さん、絶対に挑戦すべきですよ。日本は卓越した技術が実用化されても、特に役所は新技術導入には消極的で、社会的実装には時間がかかる。アメリカはそうじゃない。革新的技術ほど導入に積極的です。その中で、ジオ・サーチの技術はもっと進化するだろうし、それを向こうのビジネスと組み合わせたら、色々なアイデアが出てくる。私も応援するから、ぜひ、頑張りなさい」

これを聞いて私の迷いは一瞬で消え去り、アメリカ進出の準備に取り掛かり、新たに雑賀社長をトップにしたグローバル事業推進室を立ち上げました。

ご逝去された安倍元総理には謹んでご冥福をお祈りいたします。

再び動き出したのは2021年の夏。そこからは月1回のペースでアメリカを訪れて、ロサンゼルス市役所などでミーティングを重ね、担当者との人間関係を構築したり、私たちがいない時に仕事を任せる現地の人間をスカウトしたりするなど、着々と準備を重ねていきました。

しばらくして、「実証調査をやりたい」といよいよ本題を切り出すと、向こうの返事は「ぜひともやってもらいたい。すぐにでもできますか?」。もっと難色を示されるかと覚悟していたので、これにはちょっとびっくりしました。

もっとも、この時はまだアメリカ側は私たちの実力を、額面どおり信用していたわけではないと思います。日本だと、「空洞が100%見つかるなら許可してやる」くらいのところがまだ多いのですが、アメリカはそうではありません。100%という高い確率で発見できなくても、「何もやらないでゼロよりはましだから、ここはひとつやってもらおう。面白そうだ」というのが、アメリカ人の発想なのです。

この対応ひとつとってみても、アメリカに進出することは当社にとってプラスだったと断言できます。なにはともあれ実証調査の機会を得られたので、アピールしない手はありません。２０２２年2月11日には現地法人GEO SEARCH Inc.を設立すると、日本から必要な機材を運び込み、さらに現地で走行試験を繰り返して、実証調査に向けた準備を進めました。アメリカでも通用するために、探査車のデザインをSONY SSAPに依頼するとともに、スケルカーの名称が不向きであることがわかり、「GENSAI VEHICLE」に変更しました。

そして、２０２２年4月11日、いよいよロサンゼルス、サンフランシスコ、サンタモニカの市道などで、空洞と埋設物探知の実証調査が始まります。

なお、この調査のために、日本から総勢12名を現地に派遣しました。その中には、入社１年目の女性も含まれます。道もよくわからない、言葉もろくに通じない異国で約2週間、自分たちで考えて行動し、結果を出す。これらの体験によって、素晴らしく教育効果の高い研修が実現することになります。期待どおり、彼らは顔つきが変わるくらい、たくましく成長して帰国しました。

さて、肝心の実証調査の結果はというと、これが大成功。危険性の高い空洞が見つかっただけでなく、その位置がことごとく正確なので、こんな技術は見たことがないと絶賛されました。

最初は、やはりアメリカ側も半信半疑だったようですが、作業に携わっていた当社のスタッフによると、ロサンゼルス市道で大きな空洞が見つかったその瞬間から、現場の空気が明らかに変わったといいます。

また、昼間に取得したデータを日本に送ると、ロサンゼルスと東京だとちょうど時差が16時間（夏時間）ですので、向こうが夜の間にこちらでデータ解析ができます。1日の作業を終えたと思ったら、翌朝出社すると、地下のどこに空洞があって、どこにどんな埋設物があるのかがすでに明らかになっており、しかもそれが3Dマップで見られる。現地の人にとってみれば、ビッグサプライズです。

課題も明らかになりました。

さすがにアメリカまで日本のスケルカーを持っていくわけにはいきませんから、今回はセンサーだけを空輸し、それを現地の車に設置して使用したのですが、アメリカは道路の幅員が広いため、日本仕様のセンサー幅だと、一回でデータが採りきれないのです。

やはりこういうことは実際に現地に行ってみないと、なかなかわかりません。

今回は、期間が決まっていましたので、向こうが希望する路線だけの調査でしたが、終了後には、ここまでできるのなら次はあそこも調査してほしい、あの工

図15　アメリカ／ロサンゼルス、サンフランシスコ、サンタモニカでの実証調査

空洞調査の実証に成功

埋設物調査の実証に成功

提供：ジオ・サーチ

事現場もできないかと、アメリカ側の関心度が上がったのは間違いないでしょう。

4月以降は、まず3市で実証調査を行いました。さらに9月から新たに4市でも実証調査を実施して成果を挙げることができました。カリフォルニア州の面積は日本の1・1倍です。それでも、全米50州のうちのひとつに過ぎません。

つまり、アメリカには広大なマーケットが広がっているのです。

しかも、今回の調査に先だって、ジョー・バイデン米大統領が、1兆2000億ドル（当時で約164兆円）規模のインフラ投資法案に署名し、成立しています。アメリカは莫大な金額をかけてこれから国土の強靭化に取り組んでいこうとしている。進出するにはこれ以上ない絶好のタイミングだと言えます。

アメリカ本土を制覇したら次はカナダ、オーストラリアなどの国々へ進出します。地下を制して、世界をつかむ。私の夢は尽きません。

また、こんなジオ・サーチですから、挑戦心があり、社会貢献を考え、ヤル気のある社員は、ますます熱くなっています。

本書を読まれ、自分も世界をつかんで、人々の安心・安全な未来をつくりたいと思われる方がいらっしゃったら、ぜひ、仲間になっていただきたいものです。

Column

「ピースロード・オーガニゼーション」よ、永遠に

前述したとおり、1992年、「ジオ・サーチの技術・オペレーションノウハウを、地雷除去に役立ててもらいたい」という初代国連地雷除去責任者の要請を受け、ジオ・サーチは、企業CSRとして、ボランティア支援を15年にわたり実施しました。

地雷探知機「マイン・アイ」の開発に引き続き、1998年には有力企業・個人も参加したNGO「人道目的の地雷除去支援の会（JAHDS）」創設の中心的役割を果たすとともに、タイ・カンボジアでの地雷除去プロジェクトを支援してきました。

2006年9月、国境の遺跡「プレア・ヴィヒア寺院」周辺での地雷除去事業「ピースロード・プロジェクト」を完了して、JAHDSはその使命を終え、2006年11月に解散しました。

この一連の活動は、日本企業が協働して国際的な社会貢献活動を展開した事例で、現地組織と協働してグローバルな社会問題解決に取り組んだ事例として、各界から注目を集めました。

そして、JAHDSの解散と時を同じくして、タイ国の篤志家が、新しい財団「ピースロード・オーガニゼーション（PRO）」を設立。JAHDSの理念、JAHDSがタイ国で育成したスタッフ、使用した機材を引き継ぎ、カオ・プラ・ヴィハーン地域で地雷除去活動を継続しています。

PRO理事長
ウクリット氏
JAHDS理事長
飯田亮氏

現地PRO財団に完工式典で事業を継承

提供：ジオ・サーチ

地雷探知機の開発
オムロン
ジオ・サーチ
日本IBM

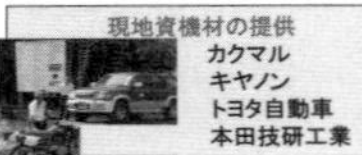

現地資機材の提供
カクマル
キヤノン
トヨタ自動車
本田技研工業

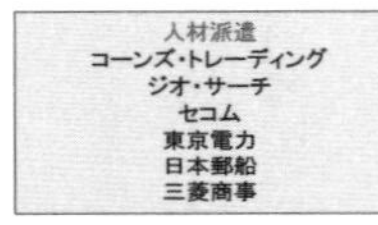

人材派遣
コーンズ・トレーディング
ジオ・サーチ
セコム
東京電力
日本郵船
三菱商事

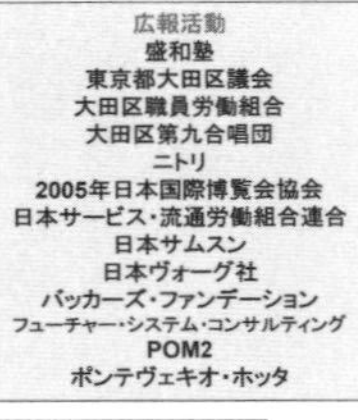

広報活動
盛和塾
東京都大田区議会
大田区職員労働組合
大田区第九合唱団
ニトリ
2005年日本国際博覧会協会
日本サービス・流通労働組合連合
日本サムスン
日本ヴォーグ社
パッカーズ・ファンデーション
フューチャー・システム・コンサルティング
POM2
ポンテヴェキオ・ホッタ

事務所・設備提供
アルファテック・ソリューション
コクヨ
ソニー
日本サムスン
森ビル

企業・団体　250以上
個人　1500人以上

理事長	飯田　亮		事務局長	冨田　洋	

（50音順）

理　事						
	浅利　慶太	出井　伸之	稲盛　和夫	牛尾　治朗	川本　信彦	柳井　俊二
	佐々　淳行	椎名　武雄	澄田　智	多田　宏行	立石　信雄	冨田　洋
	豊田　章一郎	那須　翔	福川　伸次	諸井　虔	山本　正	壬生　基博

世界初の企業・団体・個人が得意技で協働して地雷除去活動を支援するNGO「JAHDS」

ピース・ロード記念碑

提供：ジオ・サーチ

Chapter 4

認められることで、さらに前へ！

「まだ大丈夫だ、もっとチャレンジできる」。

こうして、常に逆境を跳ね返してきた当社の姿勢が、
今、各方面から賞賛を浴びるようになってきた。

ただ、ここで立ち止まることはありません！

さらに安全で暮らしやすい社会になるよう努力を続けます。

国際貢献意識の加速。ジャパン・レジリエンス・アワード金賞受賞

ジオ・サーチは、台湾進出を果たす半年前の2019年3月15日に、一般社団法人レジリエンスジャパン推進協議会が主催する「第5回ジャパン・レジリエンス・アワード（強靭化大賞）」において金賞を受賞しました。

これは、安倍晋三内閣が提唱していた国土強靭化に関連して、全国で展開されている次世代に向けたレジリエンス社会構築への取り組みを発掘、評価、表彰する制度です。この受賞は私にとって、非常に感慨深いものでした。

レジリエンスを直訳すると「回復力」や「弾性」ですが、心理学ではしばしば「心の弾力性」という意味で用いられます。これは、落ち込まない強さではなく、たとえ落ち込んでも「まだ大丈夫だ」「もっとチャレンジできる」と逆境を跳ね返せる心の状態のこと。そして、このレジリエンスこそが、私が人生で最も重要だと思っている能力のひとつなのです。私はこれまでさまざまな困難に直面してきました。その中には命がけの困難さえもありました。それでも決してあきらめず、

逆に困難から学び、進化するチャンスに変えてきたのです。それは、私にどんどんレジリエンス力が備わってきたからだと思っています。

それに、ジオ・サーチでやっている減災も、自然災害という緊急事態から、いち早く被災前の状態に回復させるということですから、社会のレジリエンス力を高めることに貢献していると思います。そんな私のきわめて思い入れの強い「レジリエンス」という言葉を冠する賞をいただいたので、胸に迫るものがあったのです。この授賞式の4日前に行われた、東日本大震災から8年目の追悼式典の式辞の中で、安倍晋三元総理が「災害時に世界各国から多くの支援をいただいています。震災の教訓とわが国の防災の知見と技術で国際貢献することが、日本の責務である」と話をされました。

まさに、私たちのやっている、「人々の暮らしと命を守る減災事業」で国際貢献するのは日本の責務だと、時の総理大臣が認めてくれたのだと、私は感激で胸がいっぱいになりました。それがあっての受賞だったので、喜びが何倍にも膨れ上がったのです。この安倍元総理の言葉とジャパン・レジリエンス・アワード金賞受賞から、私たちは減災の知見と技術で国際貢献ということを、さらに考えるようになってきました。

金賞（企業・産業部門）ジオ・サーチ株式会社

「日本発の減災技術『スケルカ』で世界の道路ネットワークの安心・安全を守る」

ソウル市長からの感謝状

감 사 장

2015년 4월 13일

第1039号

感 謝 状

(株)ジオサーチ
代表取締役社長 冨田 洋

貴社は2014.11.30〜12.19まで、鍾路3街(チョンノサムガ)駅等、都心の主要道路の4つの地域において、無償で空洞探査を実施し、空洞を発見して道路陥没事故を事前に予防するなど、私たちの市の道路安全確保に寄与された功績は大きく、ここに感謝の意を込め、この賞状を贈ります。

2015年 4月 13日

ソウル特別市長
朴 元淳(パク・ウォンスン)

ソウル市内の調査状況

일요신문

서울시-日 지오서치, 시내 3개 지역 동공탐사

ソウル市-日本のジオ・サーチ　市内3地域の空洞調査

台南市長からの感謝状

感謝狀

代理市長 李孟諺

100件を超えるメディア取材

花蓮市からの感謝状

提供：ジオ・サーチ

図16　ジオ・サーチが考える「レジリエンス」の発想

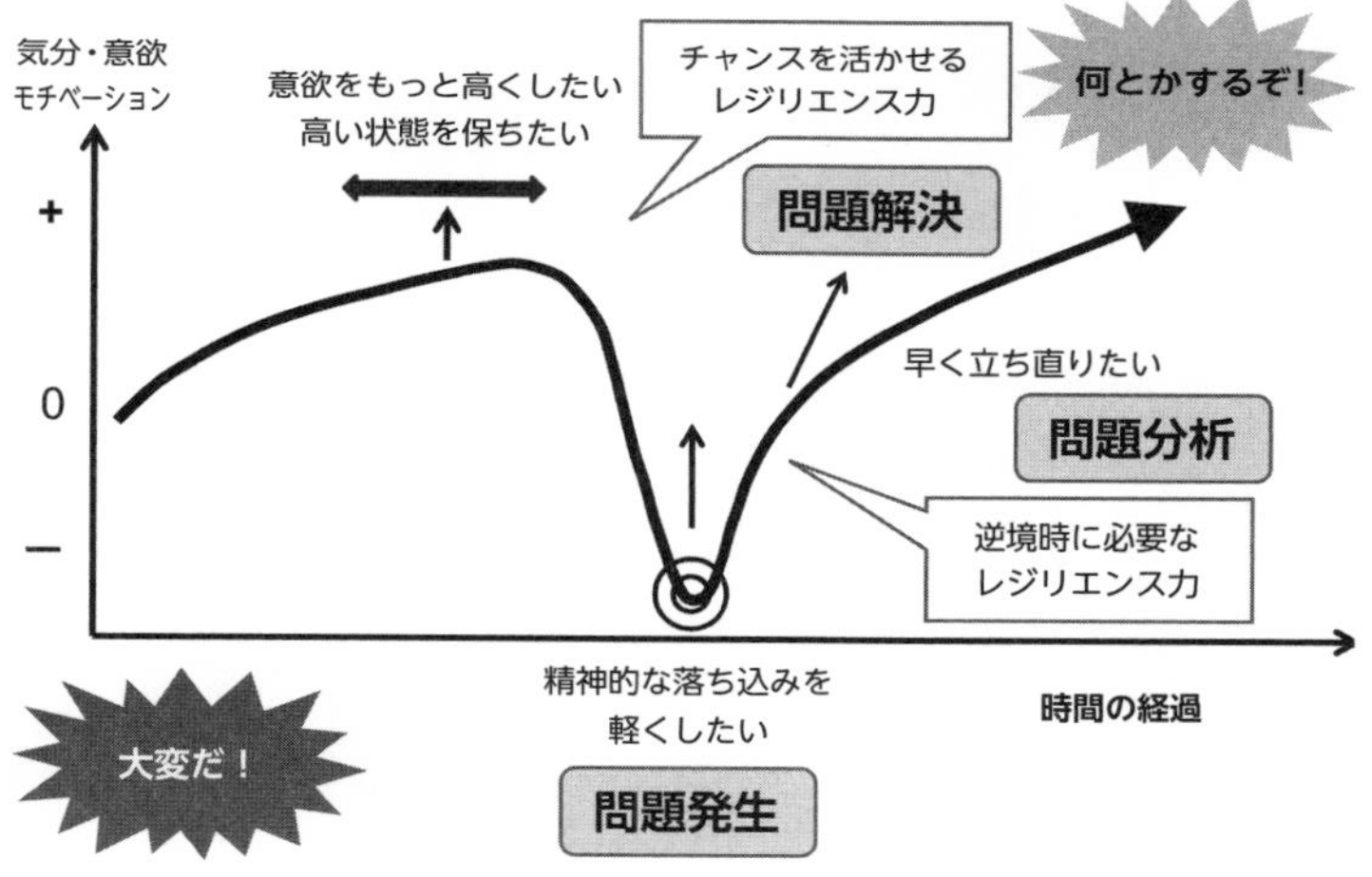

ピンチこそ学び進化できる
幸運は不幸な姿をしてやってくる
レジリエンスは“心のしなやかさ”

提供：ジオ・サーチ

驚きと賞賛を浴びる、技術開発と商品開発の方向性……

岸田文雄内閣では、個人や事業者が新たな付加価値を創出しやすい社会をデジタルの力で実現することを目的とした活動を行う、デジタル臨時行政調査会を設置しました。

その事務局長を務める小林史明デジタル副大臣兼内閣府副大臣（当時）が、作業部会チームとともにジオ・サーチの技術開発センターショールームに公式視察に訪れたのは、2022年4月のことです。

ここでは展示してある地下埋設物や橋梁床版内部のデータを取得するスケルカーや、手押しのスケルカートの実物などの見学だけでなく、AR（拡張現実）対応のゴーグル型端末を装着して、地下埋設物の画像も見ることができます。

このショールームをつくる以前は、イベントや展示会などに参加して、そこで当社の技術を紹介していました。

しかし、そういった場所では説明の時間や持ち込める資料なども限られるため、どうしても充分な説明ができません。

そこで、企画営業本部が中心となって、当社の最新技術や設備を見るだけでなく体験もできるよう、社内にショールームを開設したのです。

これによってお客様一人ひとりの疑問や質問に、より丁寧かつ正確に答えられるようになり、これまで以上に充実した広報活動が行えるようになりました。

それだけではありません。お客様との間で同期発火が起こり、会話の中から新しいアイデアが湧き出てくるということが、しばしば起こるようになったのです。

このショールームにはこれまで、古屋圭司国土強靭化初代大臣、赤澤亮正元内閣府副大臣、河野太郎デジタル大臣兼内閣府特命担当大臣、平将明元内閣府副大臣など、国の防災を司る国会議員や政府関係の人たちも、数多く訪れています。

私は国土交通省やデジタル庁でも、何度か当社の技術を紹介していますが、やはり言葉だけでは難しい。

実物がないと実感が湧くというところまでは、なかなかいかないようです。そこで、興味を持った人には、できるだけショールームまで足を運んでもらうようにしてきました。

小林氏にも事前に一通り説明しており、基本的なことは理解していただけていたと思います。

それでも、ショールームで実際に、橋梁床版内部の診断画像を数値化して劣化状況を明らかにする「スケルカビューDX」や、地下埋設物の正確な位置を三次元（3D）画像にする「DUOMAP」などの技術を目の当たりにした時には、ここまでできるのかとかなり驚かれていたようでした。

また、小林氏は視察後にデジタル庁が政策として掲げている「目視・打音原則の撤廃」にはジオ・サーチの技術が大いに役立つと感想を述べられています。

私たちはこれを聞き、これまで進めてきた技術開発や商品開発の方向性は間違っていなかったのだと、大いに自信を持ちました。

図17　ジオ・サーチの「ショールーム」

試掘や橋梁床版の模型

SONY SSAPデザインのスケルカートNeo

提供：ジオ・サーチ

日本・全国自治体への普及に臨む、スケルカビューDX

現在、ほとんどの自治体では、橋の点検を目視と打音で行っています。

そのため作業するにあたっては、まず足場を組まなければなりません。長さ10メートルの橋の点検をするとなると、その足場の費用だけでも150万円くらい必要になるのです。

しかも、目視や打音というのは、医者が目視と聴診器だけで患者の状態を判断するようなものですから、見落としや、おかしいと思って剥がしてみたら正常だったというようなことが頻繁に起こります。

特に近年は、目視だけではわからない構築物内部の劣化が進み、床版が抜け落ちる事故も発生しています。

そこで、私たちは、小林デジタル副大臣とデジタル臨調の作業部会が当社のショールームを訪れた際、とくに念入りに目視・打音点検をより効果的にするための内部劣化状況がわかるスケルカビューＤＸの説明を行いました。

スケルカビューＤＸは、電磁波レーダー装置を搭載した計測車両「スケルカー」を最高時速１００キロメートルで走行させながら、床版内部の診断画像を取得したうえで数値化し、健全部分と劣化部分を判断する技術です。

これはＮＥＸＣＯ中日本のフィールドで技術検証して開発したもので、すでに実用化段階に入っています。


自治体が従来の目視と打音点検の前に、スケルカビューＤＸにより素早く内部劣化している床版を抽出して、打音〜目視も含めた詳細調査をすれば、圧倒的にコストダウンができます。10〜20メートルの橋であれば、スケルカーで調査した結果を分析し、レポートで提出するまでの費用は10万円程度。これは足場代の10分の１以下です。

それから、時間も大幅に短縮できます。

データはスケルカーが橋を通過するだけで取得できますので、かかる時間はわずか数分。翌日には分析結果を届けられます。

データが蓄積できるというのもスケルカビューDXのメリットです。経年による数値の変化をみれば、どの部分で劣化が進んでいるかすぐにわかるので、データが蓄積すればするほど、精度が上がっていくのです。

このようにスケルカビューDXを導入すれば、今よりも少ない負担で質の高い橋梁の点検を行えるようになると長年の高速道路会社との実証調査を通じて確信しています。

小林副大臣は、ジオ・サーチの技術を高く評価してくれただけでなく、規制改革にも積極的に取り組んでいます。

当社ショールーム視察後も、すぐに自身のSNSに「日本にはこのような素晴らしい技術があり、私たちの生活をよりよくしてくれる大きな可能性があります。古いルールでそれが邪魔されないように、改革に取り組んでいきます」という心強いコメントを書き込んでくださいました。

2022年12月から、当社の伊佐優子がデジタル庁に出向しています。

日本がよりよい方向に進むよう、ジオ・サーチはこれからも、できるかぎりの貢献をしていきます。

無駄をなくし、働き方改革にも寄与していく「しくつ君」

2022年7月には、当社のショールームを、東京電力特別顧問の内川晋氏と同社のカイゼンチームが訪問されました。

内川氏はトヨタ自動車で長年トヨタ式カイゼンに取り組んでこられた、生産現場の業務効率化に関してはこの人の右に出る人はいないというカイゼンの第一人者です。

その内川氏率いる東京電力のカイゼンチームが、まさに自分たちが推奨するNHK（なくす、減らす、変える）にかなう製品だと絶賛したのが「しくつ君」。これは掘削状況をスマートフォンで撮影し、その画像をリアルに3Dデジタル化するアプリです。

しくつ君が誕生したのは、ある自治体とのやりとりがきっかけでした。

地下埋設物の調査を依頼されたので、所定地域にスケルカートを走査してデータを取得し、それをDUOMAP（地上・地下インフラ3Dマップ）にして提出したところ、このデータがどこまで正確なのか実際に試掘して証明してほしいと、さらなる要求を受けたのです。

それで、そういうことなら過去に試掘したデータと付き合わせればいいだろうと、関係機関に問い合わせました。ところが、まともなデータが出てきません。きちんと保存されていないのです。

一部残っているものもありましたが、試掘現場で管路の状況をスケッチするか写真に収め、それをCADで図面に起こしているので、とても正確とは言えません。そもそも地中で蛇腹のように曲がった配管を、二次元で表現するのは無理なのです。また、水道管工事の試掘の場合は水道管、ガス工事の場合はガスの配管だけしか描かれていないため、それらの位置関係もよくわからない。

仕方がないのでこの時は、数千万円という費用を支払って自社で新たに何十箇所も試掘し、それで精度の高さを証明しました。

予想外の出費を強いられたわけですが、ピンチをチャンスに変えるのはお手のもの。試掘データをデジタル化し、さらに一元化すれば、日本全国で繰り返されている無駄な試掘を減らせると考えました。しかもスマートフォンならカメラも付いていますし、専用のWEBアプリにアクセスするだけなので、誰もが安価に利用することができる。

そこからしくつ君の開発が始まり、2年後の2022年4月、ついに商品化にいたったのです。

使い方はいたって簡単。試掘状況を写真か動画で記録したら、それをしくつ君アプリでクラウドに送る。すると、約15分でデータを3Dで閲覧できるようになります。さらに、翌日には3D・PDFが完成。掘削の深さや管の離間距離などもPDF上で確認可能となります。

このしくつ君の最大の特徴は、誰でもすぐに使えるという点です。スマートフォンで写真や動画を撮って送るだけですから、女性や年輩の人も問題なく使えます。

試掘工事というのは夜間が多いのですが、撮影やスケッチのために夜わざわざ人を派遣することもありません。工事をしている人が自分のスマートフォンで撮影すればいいのです。

また、しくつ君とDUOMAP（地上・地下インフラ3Dマップ）を組み合わせることで、広範囲・高精度の地下3D情報が得られます。いってみればグーグルマップの地下版がつくれてしまうのです。

一般的に埋設物や試掘データは一元管理されておらず、掘削時に埋設管を破損したり同じ場所で試掘が繰り返されています。こうして地下埋設物の情報を一元管理できるようになれば、掘削工事の安全性も高まります。

なにより、無駄な試掘をしなくてもすむようになるので、働く人の負担を減らすことができる。つまり、しくつ君は、減災だけでなく働き方改革にも寄与する技術なのです。

当社のショールームに来ていただければ、どなたでもここに紹介したジオ・サーチの技術を体験することができます。

仕事の関係者だけでなく、学生さんでもかまいません、主婦の方だって大歓迎です。こうすればもっと安全で暮らしやすい社会になる、そんなあなたのアイデアをぜひ私たちに教えてください。

Chapter 4

認められることで、さらに前へ！

Chapter 5

人材は人財。集まれ、仲間たち

さまざまな国の道路をスケルカーが走り回り、
道路陥没被害を減らして、人々の暮らしと命を守る。
これは、誰もやったことのない挑戦と言え、
こんなに素晴らしい仕事は、他にはないでしょう。
そんな当社で働きたい方は、ぜひ門を叩いてほしい。

誰もやったことのない挑戦。こんなに素晴らしい仕事はない！

本書の「はじめに」でお話ししましたが、オンリーワンでナンバーワンの技術を持ち、この技術を求める国が世界中に広がり、その技術は、人々の暮らしと命を守り、日々の安心した暮らしを提供することに大きく役立つ……、これが、当社ジオ・サーチのことだったのは、よく、おわかりいただけたと思います。そして実際に、当社で働く社員は、「社会に貢献する」という誇りを持ち、常に未来を見ながら、やりたいと思うことに、ワクワクしながらチャレンジしているのです。

２０２２年から始まったアメリカでの実証調査が大成功に終わり、北米へのビジネス展開が見えてきました。これからもっと成果を挙げて、アメリカで確固たる信用を築けば、私たちの技術が世界標準となる。そうなったら、世界の大都市にも事業展開できます。しかしながら、会社を大きくしたり、売上を何十倍、何百倍にしたりすることが、私の会社経営の目的ではありません。

「減災事業を通して人々の暮らしと命を守る」

これがわが社の使命です。私たちの存在が世界で認められ、色々な国の道路をジオ・サーチのスケルカーが走り回るようになったら、道路陥没などの被害が少なくなって、多くの人々の暮らしと命を守ることができる。

私たちが喜びを感じるのはそこなのです。そして、これは誰もやったことのない世界初の挑戦でもあります。だからこそ、ジオ・サーチがやる意義があるし、毎日のようにしびれるような感覚を味わうことができるのです。

さらに、私たちの事業は社会問題の解決なので、成果を挙げれば地域の人々から感謝されるし、家族や友人たちからは尊敬される。「こんなに素晴らしい事業は他にない」と、私は本気で思っています。

そんな当社で働きたいという方がいたら、臆せずぜひ門を叩いてみてください。

マイクロ波を活用した地下の空洞調査というとなにか小難しそうで、特別な技術や資格がないと無理なのかと思う人もいるかもしれませんが、心配は無用です。たしかに専門知識が必要な業務もありますが、そういうものは入社後に身につければいいし、そのための研修も多数用意しています。

学歴も性別も国籍も年齢も関係なし。人材は、「人財」なのです。

データ解析チームには文系出身者もたくさんいます。名古屋事務所の所長は子育て中の女性です。また、Ｗｅｌｌ Ｂｅｉｎｇの専門家である前野隆司・慶應義塾大学大学院教授のチームによるコーチング体制も整えています。

ただし、誰も彼も受け入れるというわけでは、もちろんありません。

当社のホームページには、「企業理念」と〝インフラの内科医〟である「ジオ・サーチの想い」が掲載されています。これを読んで共感できるということが、絶対条件です。私は、人助けや貢献心は人間の本能だと思っており、当社の理念や使命も、この私の考え方がベースになっています。

でも、人は百人百様ですから、なかにはお金や競争に勝つことにいちばんの価値を感じる人だっているでしょう。それはそれでいいと思います。ただ、そういう人は当社に来ても、きっと力を発揮できないと思います。もっと自分にふさわしいところに行くべきです。

それから、「挑戦に喜びを感じる人」。

当社はトップランナーですから、道なき道を自ら切り拓いて進まなければならない場面が多々あります。たとえば、今回の台湾やアメリカ進出への挑戦もそうです。好奇心が旺盛で、誰もやったことがないことにチャレンジするのが三度の飯より好きという人は、まさに当社向きだと言えます。

反対に、挑戦を苦痛だと感じる人は、最前線の仕事は楽しめないでしょう。ただ、前人未踏の地に飛び込んでいくことだけが、当社の仕事ではありません。現場を裏で支える人も、会社に居てくれないと困ります。

従って、「挑戦は苦手だけど、自分のできることで企業理念や使命の達成に尽くしたい」と考える方なら、むしろ大歓迎です。

自分で仕事をつくれる人も、当社の体質に合っていると言えます。逆に、指示待ちの人は、最初は違和感を覚えるかもしれません。でも、そういう人も、自分で課題を発見し、それを解決するという仕事の醍醐味をいったん味わうと、かなりの確率で、そちらの働き方にシフトしていくようです。

最近、注目が高まっている「Ｗｅｌｌ Ｂｅｉｎｇ」。これは、心身と社会的な健康を意味していますが、当社で働くということは、正しく「Ｗｅｌｌ Ｂｅｉｎｇ」であり、全てが満たされた状態になると言うことかもしれません。

失敗は、挑戦した証し。働きながら人間力が高まっていく……

あまり他社と比べたことはないのですが、当社の社員の成長は、かなり早いと思います。それは、失敗を叱責したり非難したりする文化が、当社にはないからなのかもしれません。なぜ失敗を咎めないかというと、私自身が失敗を悪いことだと思っていないからです。誰もやっていないことにあえて挑戦すれば、それは失敗もするでしょう。むしろ、しないほうがおかしいのです。

つまり、失敗というのは挑戦した証し。

ゆえに、失敗した人は責められるどころか、むしろほめられて当然なのです。

それに、失敗しないと成長することができません。失敗して恥をかき、そこでなにくそという気持ちが湧き起こるから大きく飛躍することができるのです。

この春アメリカへ実証調査に行ったメンバーも、わずか2週間でずいぶんたくましくなって帰ってきました。

当たり前です。アメリカ人とミーティングをすると、彼らに忖度や阿吽の呼吸は通用しませんから、容赦なしです。

「それは違うだろう」

「そんなことは聞いていない」

「それは君たちの責任だ」

次々と自分たちの言い分をこちらにぶつけてくる。まるでケンカ腰のようですが、それが彼らのスタイルなのです。その結果、最初の頃は、彼らの勢いに押されて、相手の言い分ばかりが通ってしまう……。

でも、場数を踏んでいるとそれにも慣れてきて、だんだんと言い返すことができるようになってくる。

これこそが世界に通用する真の交渉力であり、コミュニケーション力です。わが社の社員は短期間にこの力を獲得して帰ってきました。日本にいて日本人どうしで会議をしていたら、何年かかってもこのレベルには到達できないでしょう。

また、失敗は、人間力そのものも高めてくれます。

働きながら人間力が高まっていく、こんな会社、他にないと思いませんか。

では、次から、当社で働く先輩社員の声を紹介しましょう。

社員Interview

デジタル庁への出向で、理念の実現を！

〜伊佐優子（企画営業本部　2014年4月入社）

――伊佐さんは理系出身ですね。

伊佐　はい。大学の専攻は建築学部です。もっとも、当社の仕事と直接関係のある土木の勉強はしてきませんでした。

――専門性を生かそうと思ったわけではないのですね。

伊佐　違います。そもそも空洞調査を学べる学部はないので、会社も新入社員に専門性は求めていないはずです。もちろん、仕事になれば地中探査やデータ解析の技術や知識は必要になりますが、それらを身につける教育システムが社内に用意されているので心配は要りません。

――そうすると、伊佐さんはどうしてジオ・サーチを就職先に選ばれたのですか。

伊佐　世界中の人々の暮らしと命を守るという企業理念に惹かれたというのがい

ちばんの理由です。
ガールスカウトをやっていた影響で、社会貢献にはもともと興味がありました。冨田会長の地雷除去活動も知っていたので、この会社なら直接社会の役に立つ仕事ができると思ったのです。

――入社してから現在までのキャリアを教えてください。

伊佐　最初はフィールドエンジニアとして空洞調査の現場を1年半ほど経験し、それから入札業務を経て、今の企画営業本部配属となりました。現在の主な業務は広報活動や営業のサポート。資料の作成はもちろん、地中の埋設物を3D化したものを、iPadやHoloLensというARゴーグルを使ってお客さまに伝えるなどということもやっています。
また、社会貢献として、中・高・大学生に対して減災活動の大切さと人財育成を6年以上実施しました。

――スケルカーに乗って地中探査を行うという現場の仕事も経験されていますが、女性にはかなりハードではなかったですか。

伊佐　体力は使いますが、本当に大変なところは男性社員がサポートしてくれるので、体がキツくてついていけないというようなことはありませんでした。女性としてハンデを感じるのは、現場よりもむしろ営業かもしれません。先方の担当者から、女性だからと下に見られることが、今でもたまにあります。でも、そういう時も上司に相談すれば、じゃあ次は同行しようというように、すぐにフォローしてもらえます。新入社員の頃、女性の先輩から「ウチの会社は男性がみんな女性のことを気遣ってくれるから大丈夫」と言われてはいたものの、本当はちょっと不安も感じていたのです。でも、先輩の言うとおりでした(笑)。

――逆に、女性の存在がプラスになるような側面もありますか。

伊佐　接客時の気配りやお客さまに対する配慮という点では、明らかに男性よりも女性が勝っていると思います。現場でも力仕事は男性にかないませんが、報告書をまとめるといった事務作業が得意なのは、圧倒的に女性のほうです。

ただ、ちゃんと理念を理解していて、なおかつ新しいことに挑戦していこうという強い気持ちさえあれば、男女の差はあまり気にすることはないでしょう。

たとえば、現場で空洞を見つけると、「ああよかった、ありがとう」と、ほとんどのお客さまが感謝の言葉をかけてくれるのです。そのような時、私は、自分の仕事で社会貢献ができたとうれしくなって、それまでの苦労も一瞬で吹っ飛んで、また頑張ろうという気持ちになれました。男とか女とかよりも、そういうところに喜びを感じられるかどうかのほうが、当社においては大事なのではないかなと思います。

――挑戦というと、伊佐さんは12月から政府のデジタル庁に出向されますね。

伊佐　はい。河野太郎内閣府特命担当大臣の直属チームに配属されました。

――会社からはどんなことを期待されているのですか。

伊佐　デジタル庁には私のような民間企業だけでなく、地方自治体や各種団体からも多くの方が派遣されてきています。減災活動の重要性を積極的にアピールすること、さらに理念の共感者を増やして人脈を広げ、それを今後の減災活動の普及につなげていく、それが自分のミッションだと思っています。

――貴社は、他社や他の団体とのコラボレーションにも力を入れているのですか。

伊佐　はい。自社だけでなく社外にも幅広く知見を求めるオープンイノベーションのほうが、技術開発のスピードが圧倒的に速まるからです。そのために、当社ではこれまでも、東京大学、レジリエンスジャパン推進協議会、それから当社と理念を共有する会社などにも社員を出向させてきました。直近では、カリフォルニア大学バークリー校との共同研究も始まりました。そして、今回のデジタル庁もその一環なのです。反対に、他社からの出向者の受け入れも積極的に行っています。

また、減災の重要性や人財育成を目的として、これまで3年間ずつ慶應義塾大学工学部と慶應義塾高校で寄付講座「減災学のすゝめ」を実施、私も参加し各世代の皆さんに啓蒙活動を実施しました。

――会社の枠に縛られないということですね。

伊佐　技術を絶え間なく進化させると同時に、当社の減災技術を普及していくことで、最終的には世界中の人々の暮らしと命を守るという理念の実現につながっていくことが、当社の基本的な考え方なのです。だから、いいと思ったことは躊躇せず取り入れて挑戦していくことが常に求められるし、その機会もどんどん与えてくれます。

今年は若手社員がアメリカに乗り込み、見事に結果を出して帰ってきました。私もデジタル庁という未知のフィールドでどれだけのことができるか、今からワクワクしています。

提供:ジオ・サーチ

Isa Yuko

Message From Senior Colleague 01

「納得できるまで、やりきることが大切」

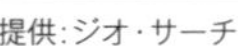

提供:ジオ・サーチ

Yokota Tomoya

東北事務所
2014年入社（中途）

新卒で勤めたのは警視庁でした。そして、大手小売業に転職。そこでは商品の販売が提供価値となっていましたが、特定の誰かではなく「もっとたくさんの人に価値を提供したい」「社会に貢献できる仕事をしたい」と思い、ジオ・サーチに入社しました。現在は東北事務所の所長として、事務所づくりやマネジメント業務に携わっています。

ジオ・サーチの仕事の醍醐味は「自分の仕事が会社の成長につながっている」「社会の役に立っている」ことを、ダイレクトに感じられる点にあります。ニュースで特集されるような大きな道路の陥没事故に、直接かかわるケースも決して珍しくなく、それがとても励みになり、日々やりがいを感じます。

もちろん仕事ですから、うまくいかないことも多々あります。しかしどんな時も大切にしているのが、自分が納得するまでやりきること。あとで振り返った時に、「あの時こうしておけばよかった」とか、「遠慮せずに自分の意見を言っておけばよかった」と思いたくないんです。ジオ・サーチで活躍する人に共通しているのは「向上心」です。現状に満足せず、もっとよくできると常に考えている人が、成長していると思います。

ジオ・サーチは自分から手を挙げれば、活躍できるチャンスがある会社です。ただ漠然と仕事に取り組むのではなく、「自分がやるんだ」「挑戦したい」「成長したい」という気持ちのある人は、ぜひ一緒に頑張っていきましょう。

Message From Senior Colleague 02

「自分の仕事が、そのまま社会貢献になる」

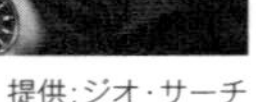
提供:ジオ・サーチ

Matsuda Kouta

橋梁・舗装事業開発部
2016年入社（新卒）

ジオ・サーチに入社したきっかけは、東日本大震災でした。当時の私は、地元の山形で高校2年生。ただ就活時に震災の経験を思い出し、人助けにつながる仕事をしたいと思ったんです。「減災」「災害」「環境」といったキーワードで就活を行っていく中で、ジオ・サーチと出会いました。

入社後は、東北事務所に配属され、空洞調査業務や橋梁調査業務に従事。その後は東京事務所に異動し、現在は橋梁・舗装事業開発部にて研究開発に取り組んでいます。1年目からたくさんの現場に出ましたので、その経験が現在の研究開発に役立っています。当社は「技術力ナンバーワン」を謳いますが、個人のキャリアにおいても、色々な仕事を経験することで、誰にも負けないナンバーワンの分野、個性が発揮できるオンリーワンの分野を見つけられます。

特に忘れられない仕事は、直轄国道の大型空洞調査における技術コンペに参加したこと。参加企業が空洞調査を実施したのちにそれが合っているか、行政側と答え合わせをする手法を取りますが、ジオ・サーチは、圧倒的な結果を出すことができました。自分の技術が社会に必要とされていることを感じます。

私たちの業界は発展途上で、大きな伸びしろがあります。だからこそ決まりきった概念がなく、自分の個性を発揮するチャンスがたくさん眠っているのではないでしょうか。ジオ・サーチに少しでも興味があれば、会社の門を叩いてみてください。一緒に成長していきましょう。

Message From Senior Colleague **03**

「やりたいことに、挑戦できる会社」

提供:ジオ・サーチ

Kuno Hiroshi

東京事務所
2019年入社（新卒）

入社のきっかけは、就活イベントで偶然話を聞いたこと。「話を聞いてみたいな」と思ったのは、案内してくれた社員の笑顔が優しそうだったこと。そして、社会貢献を事業としているところに興味を持ったからでした。現在の仕事は、主に埋設管の調査。埋設管とは、地中に埋められている水道管やガス管などのことで、どの位置にどんな埋設管があるかがわかっていれば、地下の開発がしやすく、無電柱化といった新たなまちづくりに生かすことができます。埋設管の位置を伝えた時の相手の反応は、やりがいのひとつとなっています。

いちばん記憶に残るプロジェクトは、アメリカでの埋設管調査。かねて海外に行きたいと言っていたら、社長がそれを覚えていてくれ、社内選考を通過して海外出張に3週間程度行きました。調査場所は、カリフォルニア州の道路。データを取り、解析して、現地の共同研究者に埋設管の場所を伝えたところ、"Amazing!"と喜んでくれました。屈託のない笑顔が見られたのは嬉しかったですね。私たちの技術が国境を越えて、海外で役に立てることを実感しました。

ジオ・サーチは、やりたいと思ったことに挑戦でき、上司とのコミュニケーションがとりやすく、チャレンジする人を積極的に引き上げようという社風があります。そして当社は、まだまだこれからの会社だけに、自らの挑戦で会社をさらに進化・深化させていくことができます。地下の真価に興味がある、社会でもたくさんの挑戦をしたい人は、ぜひジオ・サーチに入社してください。

Message From Senior Colleague **04**

「なによりも大切なのは、仕事を楽しむこと」

提供:ジオ・サーチ

Yokoyama Yoko

中部事務所
2001年入社(中途)

ジオ・サーチを知ったのは大学時代。地雷除去活動をテレビで見たのがきっかけです。地中に埋まっているものを可視化できる非破壊探査技術に、とても感動しました。新卒では違う業界に行きましたが、ジオ・サーチを忘れられず、転職活動の際に連絡を。面接まで漕ぎつけたものの、当時は西日本地方の事務所が立上げ直後だったため、不採用。半年ほどのち、西日本での事業が軌道に乗ってきたタイミングで会社から連絡をいただき、入社しました。

入社直後は本社の東京事務所に勤務し、その後、大阪事務所、中部事務所と異動。２０２２年4月からは中部事務所所長を務めています。ただ私は、どんな立場でも、現場の仕事を続けたいと思っています。現場仕事は面白いですし、お客さまと直接会うことでわかることもあります。現場で何が起こっているのか、自分の肌で感じることは、仕事を進める上でとても大事ですので、現場業務や事業開発に携わることで、お客さまと社会に貢献していきたいと考えています。

仕事で大切なのは、とにかく楽しむことです。私自身、「ジオ・サーチの技術ってすごい」「非破壊技術って面白い」というところからスタートし、今も変わらずその面白さを感じながら、日々業務に取り組んでいます。

これからもたくさんの人が入社し、いろんな仲間ができていくと思いますが、せっかく仕事をするのだから、みなさんには、仕事は面白いものだと思ってほしい。そして、充実した毎日を過ごしていってほしいと願っています。

Message From Senior Colleague **05**

「物怖じせずに行動したから、今の自分がある」

提供:ジオ・サーチ

Okamura Masatoshi

台湾支店
2015年入社（新卒）

ジオ・サーチには新卒で入社しました。入社後は東京事務所にて、空洞調査や埋設管探査、橋梁調査とともに官学産共同研究に携わり、国内外での学会発表も

行いました。それらと並行して２０１８年には台湾にて、空洞のボランティア調査を実施。その経験をきっかけに、２０１９年からは海外事業グループ（現グローバル事業推進室）として、台湾支店に勤務しています。

台湾では現地のパートナー企業への技術指導やプロジェクト管理、現地調査、データ分析、営業活動など幅広く行っていますが、ここでは当社の実績やビジネス基盤はもちろん、空洞調査による予防保全という概念もまだありません。本当に０からの立ち上げのため、日々、ワクワクしながら仕事をしています。

これまでさまざまな業務を経験し、多くの壁に突き当たりました。しかしそのたびに、「常にひとつ上の役職の仕事に取り組む。自分がこなせる仕事は、前の役職で求められていた仕事だと思うこと」という、上司に言われた言葉を思い出し、がむしゃらに目の前の仕事に立ち向かい、大きく成長してきました。

夢は世界中で減災を広めることですが、これは決して不可能ではないと思っています。ジオ・サーチは、自分で手を挙げれば、やる気と努力を重んじてくれる会社です。これまでの国内のプロジェクト、また台湾の仕事も、自分からやりたいと手を挙げたのがきっかけでした。物怖じせずに、まず行動してみる、面白そうだと感じたら取り組んでみることで、道は拓けていくと思います。

ジオ・サーチ会社概要

ジオ・サーチ株式会社 GEO SEARCH CO.,LTD.（英名）
〒144－0051
東京都大田区西蒲田7－37－10 グリーンプレイス蒲田ビル10階
TEL：03－5710－0200
FAX：03－5710－0211
代表取締役会長　冨田 洋
代表取締役社長　雑賀正嗣

【主な事業】

開発した「見えないところを診る」技術を駆使して、多くの地下の空洞や構造物の劣化を発見。現在では、サービスも多岐に渡り、次のような事業を展開する。

■陥没予防調査

国内で年間約9000件も発生する、道路に穴があく陥没事故。この陥没事故を未然に防ぐために、マイクロ波を活用した調査を実施。1989年の創業以来、研究と実証を重ね、現在では世界一素早く、正確に、道路状況を診断。独自の技術が評価され、国内ではさまざまな企業と手を組むとともに、海外でも事業を展開。

■「見えないところを診る」技術　地上・地下インフラ3Dマップ

AR（拡張現実）で、地下を可視化して、地下インフラ工事に革命を起こす。多配列アンテナで3次元データを取得し、埋設管の連続的な埋設状況を把握。地上のデータと地下の情報を結合し、3Dマップ化する。

■掘削状況3D管理アプリ「しくつ君®」

掘削状況を、スマホひとつで3Dデジタルデータ化するアプリを開発。誰にもわかりやすいビジュアルで掘削状況を管理することが可能。低コストかつスピーディな作業を実現する。

■橋梁・舗装劣化診断調査

重要な生活インフラである道路や橋。そこに使われているコンクリートや鋼材は、経年や気象状況などにより内部から劣化が起こるため、目視ではリスクが判別しにくい特徴がある。独自の技術を用い、これまで目に見えなかった舗装や床版コンクリート内部の劣化箇所を素早く・正確に・低コストで可視化する。

■海外事業

「GENSAI TECHを日本から世界へ」を合言葉に、災害大国かつ、インフラ老朽化先進国である日本で生まれ、進化した「GENSAI TECH」を世界に展開・普及させることで、社会への貢献を実現する。

沿革	
1989年	ジオ・サーチ創業
1990年	世界初の路面下空洞探査システムを実用化し **平成の即位の礼ルート**で空洞を発見
1992年	国連より**対人地雷探知技術**開発を要請される
1998年	地雷除去支援NGO「JAHDS」を創設
2006年	タイ・カンボジア国境の大クメール遺跡周辺の 地雷除去に成功（2009年**世界遺産**に登録）
2008年	地雷探知技術を進化させ世界初の素早く正確に 地中・構造物内部を透視するスケルカを実用化
2011年	**東日本大震災直後から緊急出動**し、 高速・高精度の**陥没予防調査**を考案
2012年	**アントレプレナーオブザイヤー特別賞**を受賞
2015年	**古屋圭司（初代国土強靭化担当大臣）賞**を受賞 慶應義塾大学に貢献工学・減災学講座を開設
2016年	博多駅前**陥没予防モニタリング調査**を実施
2017年	**世界初の地上・地下インフラ3Dマップ®**を実用化
2019年	台湾支店を開設
2021年	**試掘状況を3次元で記録するアプリ「しくつ君®」を開発**
2022年	米カリフォルニア州に現地法人を設立

おわりに

先日読んだ『セレンディピティ 点をつなぐ力』(東洋経済新報社)に、こんな記述がありました。

成功している個人や組織には、軸となるような壮大な野心、強い意欲、信念、あるいは「指針となる考え方」がある。「北極星」と呼んでもいいだろう。置かれた状況のなかで意識的あるいは無意識的に指針にするような点、原則、あるいは理念である。それがなければ漂流するか、停滞するしかない。

これには思わず膝を打ちました。

私自身も経営がスムーズにいくようになったのは、故・稲盛和夫氏と飯田亮氏から理念の大切さを教わり、自社の理念を定めた時からだからです。

企業理念というのは、まさにその会社の北極星に他なりません。それなしにただ売上や利益の拡大ばかりを追求しても、個々の力が結集しないので、会社は強くならないのです。

当社は、人々の暮らしと命を守るという企業理念を掲げています。そして、東日本大震災後に、企業理念を達成するために私たちがやるべきことは減災事業であるという、具体的な方向性が定まりました。

だから、もういっさい何もぶれない。こうなったら怖いものなしです。

北極星が大事なのは、個人も同じです。自分のなかに揺るぎない軸ができあがっている人は、迷ってもそこに立ち返れば答えが見つかるので、迷走したり悩んだりしなくてもすみます。

ただ、自分の北極星を見つけるのは簡単ではありません。

父親から「お前はあの天上に輝く星のような野球選手になるのだ」と命じられ、素直に納得してそれに従う『巨人の星』の星飛雄馬のような人は、めったにいないでしょう。

だからといって、今日からこれを自分の北極星にすると自分で決めても、それが心の底から納得したものでないと、やはり人は時と場合によって、こっちのほうが楽、あっちに行ったほうが得をすると、北極星が示す行動指針とは違う行動をとってしまう。これでは北極星とは言えません。

では、どうすれば真の北極星を見つけられるのか……。

この問いにも、著者のクリスチャン・ブッシュは、同書の中で明確に答えています。

好奇心の赴くままに行動し、「これだ」と感じるものを見つけたら集中する。

そう、ここまで本書を読んでくださった方ならおわかりだと思いますが、私の人生がまさにこれなのです。

私は子どもの頃から常識や世間体といったことは気にせずに、ただただ好奇心に任せて、やりたいことをやりたいようにやってきました。

ただし、それは自由気ままということではありません。その時自分が興味を惹かれたことに、その都度全力で取り組んできました。

もっとも、意識してそうしていたわけではなく、そういう生き方しかできなかったのですが……。

そうしたらいつの間にか、まるで何かに導かれるように、人々の暮らしと命を守るために減災事業をするのが私の天職であり、そしてわが社の使命だというところに行き着いたのです。

だから、今はまだ自分の北極星がどこにあるのかわからない人も心配しなくて大丈夫。

やりたいことに全力で取り組んでみてください。それを繰り返していれば、必ず自分の進むべき方向を示してくれる星が見えてきます。

もうひとつ私からアドバイスがあります。それは、会いたい人には無理をしてでも会っておいたほうがいいということです。

自分の使命に目覚めるとその瞬間に、それまでばらばらだった経験の一つひとつが、使命を達成するためにどれも必要だったという事実に気づきます。

その経験のなかでとくに重要なのが、人との出会いです。

その時はわからないけどあとになって、あの時あの人に会っておいたから、いざという時助かったというようなことが、人生ではしばしば起こります。だから、目先の損得で会う人を絞ったり、自分とは違う世界の人だからと会うのを遠慮したりしたらもったいない。

そんなことは気にせず、とくに若い時は、会いたい人のところにどんどん会いにいくべきです。

当社の敷地には「ジオ・サーチ顕彰碑」というモニュメントがあります。

私が、たった7人で始めた会社がここまで大きく逞しく成長し、人々の暮らしと命を守るための減災事業を今こうして続けていられるのは、困った時に多くの人が手を差し伸べてくれたからです。

そのことを肝に銘じ、絶対に忘れないために、とくにお世話になった15人の名前をそこに刻ませてもらっています。

さて、今私の頭にある夢をお伝えします。

それは、近い将来「減災」という言葉が「GENSAI」となって、海外でも当たり前のように使われるようになることです。
大丈夫、これも必ず実現します。

地中を可視化する、オンリーワンでナンバーワンの技術を持つジオ・サーチの可能性は無限大です。そして安心・安全な生活と、幸せで豊かな未来を求める方々が、世界中でジオ・サーチを待っています。

日本発、世界初の「ＧＥＮＳＡＩ」テクノロジーとともに世界に羽ばたき、社会貢献をしながら、フューチャー・パイオニアになりたいと思われる方がいらっしゃったら、ぜひ、私たちジオ・サーチの仲間になってください。

最後になりましたが、これまでジオ・サーチを支えてくれた社員、ご家族、支援者の皆様と、地雷除去支援団体「ＪＡＨＤＳ」を支援・協力いただいた皆様のおかげでここまで成果を挙げることができました。今後は「減災・ＧＥＮＳＡＩ」を、さらに国内外で普及するために頑張ってまいります。

２０２３年２月

ジオ・サーチ株式会社 代表取締役会長・創業者 冨田 洋

真価を見つけ、進化する唯一無二の企業

「ジオ・サーチ」アズ オンリーワン

2023年3月1日　第1刷発行

著　者　冨田 洋
発行者　鈴木勝彦
発行所　株式会社プレジデント社
〒102-8641
東京都千代田区平河町2-16-1 平河町森タワー13階
https://www.president.co.jp/　https://presidentstore.jp/
電話 編集 03-3237-3733
販売 03-3237-3731
販　売　桂木栄一、高橋 徹、川井田美景、森田 巌
末吉秀樹、榛村光哲

構　成　山口雅之
装　丁　鈴木美里
組　版　キトミズデザイン合同会社
校　正　株式会社ヴェリタ
制　作　関 結香
編　集　金久保 徹

印刷・製本　大日本印刷株式会社

本書に掲載した画像の一部は、
Shutterstock.comのライセンス許諾により使用しています。

ISBN　978-4-8334-5211-3
Printed in Japan
落丁・乱丁本はお取り替えいたします。